电力变压器典型故障案例分析

郭红兵　杨玥　孟建英　主编

中国水利水电出版社
www.waterpub.com.cn
·北京·

内 容 提 要

本书主要介绍了与电力变压器故障诊断密切相关的电力变压器基本工作原理、磁路及其励磁特性、阻抗特性、短路过程，并对电力变压器典型绕组变形故障、绕组绝缘故障、绕组过热故障、导磁回路过热故障、附件故障、综合故障案例进行了详细的诊断分析。

本书理论联系实际，既对电力变压器的基本电磁设计知识进行了介绍，又对10余例电力变压器典型故障现场诊断过程进行了剖析，可供电力变压器运维人员及相关专业技术管理人员参考。

图书在版编目（CIP）数据

电力变压器典型故障案例分析 / 郭红兵，杨玥，孟建英主编. -- 北京 : 中国水利水电出版社，2019.12
ISBN 978-7-5170-8329-0

Ⅰ. ①电… Ⅱ. ①郭… ②杨… ③孟… Ⅲ. ①电力变压器—故障诊断 Ⅳ. ①TM41

中国版本图书馆CIP数据核字(2019)第296064号

书　名	**电力变压器典型故障案例分析** DIANLI BIANYAQI DIANXING GUZHANG ANLI FENXI
作　者	郭红兵　杨玥　孟建英　主编
出版发行	中国水利水电出版社 （北京市海淀区玉渊潭南路1号D座　100038） 网址：www.waterpub.com.cn E-mail：sales@waterpub.com.cn 电话：（010）68367658（营销中心）
经　售	北京科水图书销售中心（零售） 电话：（010）88383994、63202643、68545874 全国各地新华书店和相关出版物销售网点
排　版	中国水利水电出版社微机排版中心
印　刷	天津嘉恒印务有限公司
规　格	184mm×260mm　16开本　7.5印张　183千字
版　次	2019年12月第1版　2019年12月第1次印刷
印　数	0001—2000册
定　价	**85.00**元

前言

电力变压器是电能传输的关键设备之一，电力变压器故障往往导致电能传输的中断，其可靠运行直接关系到能否对用户可靠供电。如何在运行中对其可靠性进行客观评估，减少不必要的例行停电，以及如何在异常的情况下快速准确地定位故障，保证及时恢复供电，一直是电力工作者长期以来的努力方向。

本书面向电力变压器故障诊断，对其基本原理与现场诊断案例进行了阐述。现场电力变压器故障诊断往往存在两个极端：一是僵化地套用相关规程规范的限值要求，不对试验数据进行全面系统地分析，导致“小题大做”；二是对现行规程规范未明确规定限值的试验数据，即使其已发生显著改变，却视而不见，导致“大题小作”。产生这种现象的根本原因在于现场人员多不具备电力变压器的基本电磁设计知识，不了解试验数据背后的物理意义。

本书将电力变压器的电气理论与现场故障诊断实践相结合，重点对电力变压器励磁特性、阻抗特性与短路过程进行了详尽分析，再结合具体故障案例，详细阐述了如何结合电力变压器工作原理与基本电磁设计参数对绕组变形、绕组绝缘放电、绕组过热、导磁回路过热、有载分接开关放电等典型故障的相关特征量进行综合分析的方法。

希望读者通过阅读本书，提升对电力变压器试验数据进行综合分析的能力，进而提升电力变压器故障诊断水平。

胡耀东工程师与高玉荣工程师绘制了本书全部插图，郑璐工程师为本书文字做了大量的工作，杨镇高级技师为本书提供了部分故障案例，付文光高级工程师、杨军高级工程师对本书进行了审核，在此一并表示感谢！

由于编者水平有限，书中难免会有疏漏和不妥之处，敬请广大读者批评、指正。

作者

2019年10月

目录

第1章 电力变压器基本工作原理

1.1 概述

按照 GB 1094.1—2013《电力变压器　第1部分：总则》的定义，电力变压器为具有两个或两个以上绕组的静止设备。为了传输电能，在同一频率下，通过电磁感应将一个系统的交流电压和电流转换为另一个系统的交流电压和电流，通常这些电流和电压的值是不同的。

1.2 基本原理

在一个由彼此绝缘的硅钢片叠成的闭合铁芯柱上套上两个彼此绝缘的绕组，即构成最简单的单相双绕组变压器，如图1.1所示。在实际应用中，出于漏电抗和附加损耗控制方面的考虑，电力变压器电压等级不同的同相绕组通常同心套装于同一个铁芯柱，只有在需要工作于高短路电抗的情况下，如动圈式电弧焊变压器，才会采用类似图1.1所示的结构。

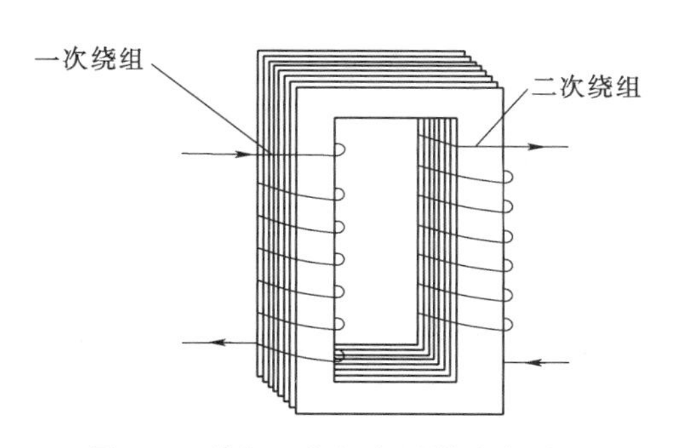

图1.1　单相双绕组变压器基本原理

如图1.1所示，在一个绕组的两端施加交流电压，那么在该绕组中将流过相应的交流电流。在交流电流的作用下，铁芯中将产生交变磁通。通过交变磁通在绕组中感应出交流电压，即感应电压。通常接电源的绕组称为一次绕组，接负载的绕组称为二次绕组。

1.3 各物理量之间的相位关系

在变压器电路图和等效电路图中，电压和电流空间正方向标定为由高电位指向低电位的方向。与表示各相量之间时间相位关系向量图箭头含义完全不同。

由于在负载中电压的空间正方向和电流的空间正方向相同，所以绕组的电阻电压与电流同相位，而绕组的电抗电压则超前于电流 90°。

主磁通与产生它的励磁电流同相位，而该磁通在绕组中产生的感应电压，即为绕组流过励磁电流时所产生的电抗电压。所以，绕组的感应电压超前于励磁电流 90°，亦超前于磁通 90°。

1.4 变压器空载运行

变压器的一次绕组接电源、二次绕组开路时的工作状态为空载运行。图 1.2 为单相双绕组变压器空载运行电路图，图中标出了各物理量的空间正方向。

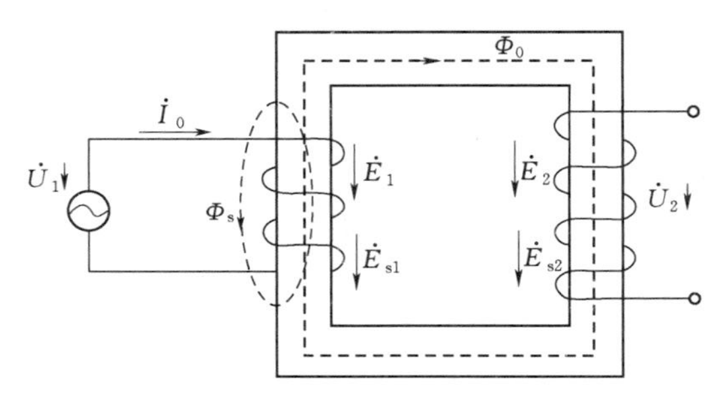

图 1.2 单相双绕组变压器空载运行电路图

空载运行时，一次绕组中将流过一个很小的电流 $\dot{I}_0$，该电流通常称为空载电流。空载电流包括有功和无功两个分量：无功分量 $\dot{I}_m$ 又称为励磁电流，它使铁芯中产生磁通 $\dot{\Phi}_0$；有功分量 $\dot{I}_\mu$ 又称为铁损电流，产生铁芯损耗。此外，空载电流 $\dot{I}_0$ 流过一次绕组时还在该绕组中产生损耗，并在一次、二次绕组所占空间及其周围产生空载漏磁通 $\dot{\Phi}_s$。主磁通 $\dot{\Phi}_0$ 由励磁电流 $\dot{I}_m$ 所产生，并沿铁磁介质（铁芯）闭合。因为铁磁介质的磁导率很高（在正常的工作磁通密度下，相对磁导率 μ_r 可达 10000 以上），所以主磁通 $\dot{\Phi}_0$ 很大。主磁通与一次、二次绕组的全部线匝相交链，并在一次、二次绕组中产生感应电压。根据法拉第电磁感应定律，可得

$$\dot{E}=\mathrm{j}\,\frac{2\pi f}{\sqrt{2}}W\,\dot{\Phi}_m \tag{1.1}$$

式中 $\dot{E}$——绕组感应电压（有效值），V；

f——电源频率，Hz；

W——绕组匝数；

$\dot{\Phi}_m$——铁芯主磁通（峰值），Wb。

式（1.1）对一次、二次绕组都是完全成立的。

空载漏磁通 $\dot{\Phi}_s$ 是由空载电流 $\dot{I}_0$ 所产生的，它的流通路径绝大部分是绕组所占空间及其周围非铁磁介质（μ_r 通常在 1 左右）。因非铁磁介质导磁率很低，所以与空载主磁通

相比，空载漏磁通 $\dot{\Phi}_s$ 很小，但同样在一次、二次绕组中感应出空载漏抗电压 $\dot{E}_s$，其计算公式为

$$\dot{E}_s = j\dot{I}_0 X_s \tag{1.2}$$

式中 $\dot{E}_s$——绕组空载漏抗电压，V；

$\dot{I}_0$——空载电流，A；

X_s——绕组空载漏电抗，Ω。

如图 1.2 所示，假定在某一瞬时一次绕组上端电位高于下端电位，则一次电压 $\dot{U}_1$ 和一次感应电压 $\dot{E}_1$ 的方向均由上向下。由于在该电路图中一次、二次绕组的绕向相同，所以二次电压 $\dot{U}_2$ 和二次感应电压 $\dot{E}_2$ 的方向也是由上向下。按照右手定则，铁芯主磁通 $\dot{\Phi}_0$ 方向在绕组内部由下向上。同理，空载漏磁通 $\dot{\Phi}_s$ 的方向在绕组所占的空间内也是由下向上。空载漏磁通 $\dot{\Phi}_s$ 在一次绕组中所感应的空载漏抗电压 $\dot{E}_{s1}$，可以看做是空载电流 $\dot{I}_0$ 在一次绕组的空载漏电抗上所产生的电抗电压，它的方向与空载电流 $\dot{I}_0$ 的方向完全相同，也是由上向下。同理，二次空载漏抗电压 $\dot{E}_{s2}$ 的方向也是由上向下。

根据基尔霍夫第二定律，并结合图 1.2 所示的各物理量的方向，可以分别得出空载运行时变压器一次、二次电路的电压为

$$\dot{U}_1 = \dot{E}_1 + \dot{E}_{s1} + \dot{I}_0 R_1 = \dot{E}_1 + j\dot{I}_0 X_{s1} + \dot{I}_0 R_1 \tag{1.3}$$

$$\dot{U}_2 = \dot{E}_2 + E_{s2} = \dot{E}_2 + j\dot{I}_0 X_{s2} \tag{1.4}$$

式中 $\dot{U}_1$，$\dot{U}_2$——一次、二次绕组的端电压，V；

$\dot{E}_1$，$\dot{E}_2$——一次、二次绕组的感应电压，V；

$\dot{E}_{s1}$，$\dot{E}_{s2}$——一次、二次绕组的空载漏抗电压，V；

$\dot{I}_0$——空载电流，A；

X_{s1}，X_{s2}——一次、二次绕组的空载漏电抗，Ω；

R_1——一次绕组的电阻，Ω。

式（1.3）表明，空载运行时一次绕组的端电压即外施电压 $\dot{U}_1$ 等于一次绕组的感应电压 $\dot{E}_1$、空载漏抗电压 $\dot{E}_{s1}$ 和电阻电压 $\dot{I}_0 R_1$ 的相量和。

式（1.4）表明，空载运行时二次绕组的端电压 $\dot{U}_2$ 等于二次绕组的感应电压 $\dot{E}_2$ 和空载漏抗电压 $\dot{E}_{s2}$ 的相量和。

下面讨论变压器空载运行时各物理量之间的相位关系。

铁芯主磁通 $\dot{\Phi}_0$ 与产生它的励磁电流 $\dot{I}_m$ 同相位。空载漏磁通 $\dot{\Phi}_s$ 与产生它的空载电流 $\dot{I}_0$ 同相位。一次、二次绕组的感应电压 $\dot{E}_1$、$\dot{E}_2$ 超前于主磁通 $\dot{\Phi}_0$ 90°。一次、二次绕组的空载漏抗电压 $\dot{E}_{s1}$、$\dot{E}_{s2}$ 超前于空载电流 $\dot{I}_0$ 90°。一次绕组的电阻电压 $\dot{I}_0 R_1$ 与空载电流 $\dot{I}_0$ 同相位。产生铁芯损耗的铁损电流 $\dot{I}_\mu$ 与一次绕组的感应电压 $\dot{E}_1$ 同相位，即超前主磁

通 $\dot{\Phi}_0$ 90°。

根据以上分析，可以绘出空载运行时变压器各物理量的相量图，图 1.3 为空载运行相量图，图 1.4 为简化空载运行相量图。

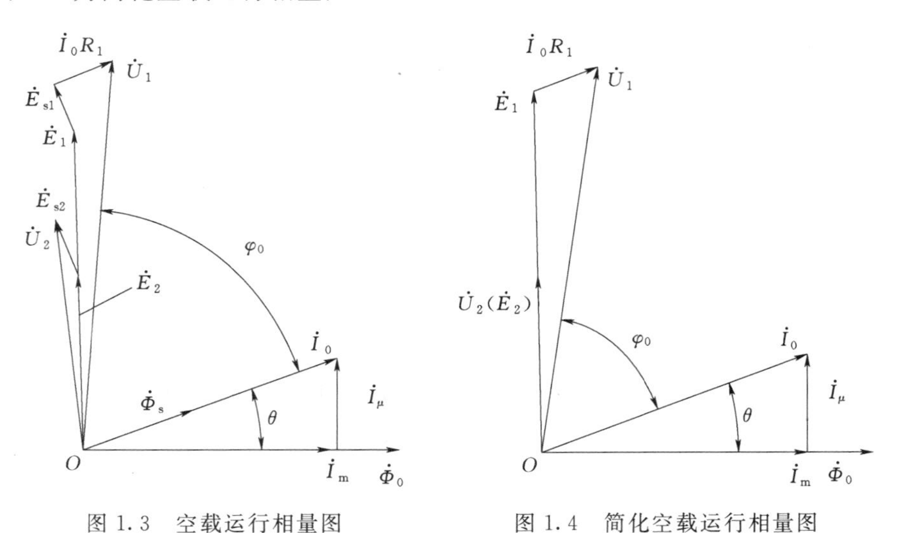

图 1.3 空载运行相量图　　　图 1.4 简化空载运行相量图

同理，根据简化后的空载运行向量图，式（1.3）和式（1.4）可以分别简化为

$$\dot{U}_1=\dot{E}_1+\dot{I}_0R_1 \tag{1.5}$$

$$\dot{U}_2=\dot{E}_2 \tag{1.6}$$

1.5 空载损耗的物理意义

相量 $\dot{U}_1$ 与 $\dot{I}_0$ 之间的夹角 φ_0 是变压器空载运行的功率因数角。空载时变压器从电源所汲取的能量可记为

$$P_0=U_1I_0\cos\varphi_0 \tag{1.7}$$

该能量全部消耗在铁芯和一次绕组的损耗中。

变压器在额定电压下空载运行的损耗 P_0 称为变压器的空载损耗。额定电压下的空载电流 $\dot{I}_0$ 和空载损耗 P_0 是变压器的两个重要参数。由于在空载运行时，一次绕组的损耗很小，所以空载损耗可以基本上反映铁芯损耗。

1.6 绕组匝电压的物理意义

由式（1.1）可知，一次、二次绕组的感应电压正比于绕组的匝数，由于一次绕组的电阻电压 $\dot{I}_0R_1$ 很小，所以在工程上通常忽略不计。在这种情况下，一次、二次绕组的端电压之比可以认为等于感应电压之比，即

$$\frac{\dot{U}_1}{\dot{U}_2}=\frac{\dot{E}_1}{\dot{E}_2}=\frac{W_1}{W_2}=K \tag{1.8}$$

值得注意的是，如果 $K>1$，变比为 K；如果 $K<1$，则变比为 $1/K$。

根据式（1.1），可以求出绕组的每匝电压，即

$$e_t=\frac{U}{W}=\frac{E}{W}=4.44f\Phi_m=4.44fB_mA \tag{1.9}$$

式中 e_t——绕组每匝电压（有效值），V；

B_m——铁芯磁通密度（峰值），T；

A——铁芯有效截面积，m^2。

在变压器电磁设计过程中，铁芯磁通密度的选择取决于铁芯材质和变压器运行工况。对于冷轧硅钢片，通常 $B_m<1.73T$，而对于热轧硅钢片，通常 $B_m<1.5T$。式（1.9）在变压器绕组状态评估与诊断中经常会用到。对于50Hz的电压频率，式（1.9）可简化为

$$e_t=\frac{B_mA}{45} \tag{1.10}$$

式中 A——铁芯有效截面积，cm^2。

1.7 负载运行

变压器的一次绕组接上电源，而二次绕组接上某一负载的工作状态称为负载运行。图1.5为单相双绕组变压器负载运行电路图。图中标出了各物理量的空间正方向。负载运行是变压器的主要运行方式，只有在负载下运行，变压器才能起到传输电能的作用。

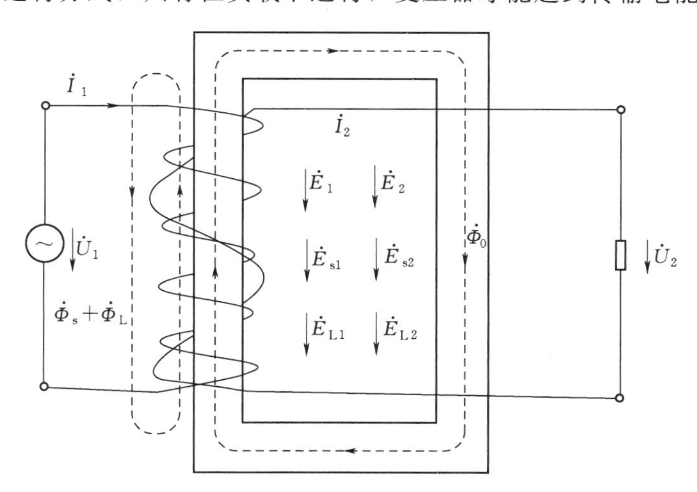

图1.5 单相双绕组变压器负载运行电路图

负载运行时，二次绕组亦有电流通过。按照楞次定律，它将使产生它的磁通去磁。但是实际上该磁通并没有减少，因为在二次电流出现的同时，在一次绕组里又产生了一个补偿二次电流的电流，致使该磁通维持不变，从而使该磁通在一次、二次绕组里所感应的电压维持不变。

图1.5所示的负载运行电路图与图1.2所示的空载运行电路图基本相同。所以，一次、二次端电压$\dot{U}_1$、$\dot{U}_2$，一次、二次感应电压$\dot{E}_1$、$\dot{E}_2$，一次、二次空载漏抗电压$\dot{E}_{s1}$、$\dot{E}_{s2}$，铁芯主磁通$\dot{\Phi}_0$，以及空载漏磁通$\dot{\Phi}_s$的方向与图1.2完全相同。

由于在一次电路中，一次绕组是负载，所以一次电流$\dot{I}_1$的方向与电压方向相同，也是由一次绕组上端流向下端。而在二次电路中，二次绕组是电源，所以二次电流$\dot{I}_2$的方向与电压方向相反，是由二次绕组下端流向上端。

如果一次、二次绕组的绕向相反，那么二次绕组端电压$\dot{U}_2$、二次感应电压$\dot{E}_2$、二次空载漏抗电压$\dot{E}_{s2}$以及二次绕组电流$\dot{I}_2$的方向将与前述方向相反。

绕组磁势是绕组电流相量与绕组匝数标量相乘的结果，也是一个相量，它的相位不仅取决于绕组电流的相位，还取决于绕组的绕向和电流流过绕组的方向。磁势的相位与它所产生的磁通相位相同。如果有两个绕向相同的绕组，同时由上至下或由下至上流过相位相同的电流，那么它们所产生的磁通无论在空间方向上还是在时间相位上均完全相同。这两个绕组的磁势同相位，且均与它们所产生的磁通同相位。

如果这两个绕组绕向相同，流过的电流在时间相位上也相同，但流过绕组的方向相反，或者绕组的绕向相反，但流过绕组的方向相同，那么它们所产生的磁通虽然在时间相位上相同，但在空间方向上却相反。可以把在空间方向上相反而在时间相位上相同的两个磁通看作是在空间方向上相同但在时间相位上相反的两个磁通。在这种情况下，虽然这两个绕组电流的相位相同，但是这两个电流在各自的绕组中流过时所产生的磁通在时间相位上却相反，所以这两个绕组的磁势在时间相位上也相反。如果将其中一个绕组磁势的相位取作与该绕组电流的相位相同，那么另一个绕组磁势的相位将与该绕组电流的相位相反。

若取一次绕组磁势相量$\dot{F}_1$的相位与一次电流$\dot{I}_1$的相位相同，即$\dot{F}_1=\dot{I}_1W_1$，那么二次绕组磁势相量$\dot{F}_2$的相位则与电流$\dot{I}_2$相位相反，即$\dot{F}_2=-\dot{I}_2W_2$。一次、二次绕组磁势的相量和$\dot{F}_1+\dot{F}_2$是产生铁芯主磁通$\dot{\Phi}_0$及空载漏磁$\dot{\Phi}_s$通的空载磁势$\dot{F}_0$，即

$$\dot{F}_1+\dot{F}_2=\dot{F}_0 \tag{1.11}$$

或者

$$\dot{I}_1W_1-\dot{I}_2W_2=\dot{I}_0W_1 \tag{1.12}$$

式（1.12）通常称为磁势平衡定律，可化简为

$$\dot{I}_1W_1=\dot{I}'_1W_1+\dot{I}_0W_1 \tag{1.13}$$

其中

$$\dot{I}'_1W_1=\dot{I}_2W_2$$

$$\dot{I}'_1=\dot{I}_2\frac{W_2}{W_1} \tag{1.14}$$

式中 $\dot{I}'_1$——一次电流的负载分量；

$\dot{I}_0$——一次电流的空载分量。

式（1.13）表明，一次绕组的磁势$\dot{I}_1W_1$包括两个分量：一个为空载分量$\dot{I}_0W_1$；另

一个是负载分量 $\dot{I}'_1W_1$。一次绕组的负载磁势 $\dot{I}'_1W_1$ 与二次绕组的磁势 $-\dot{I}_2W_2$ 在量值上相等，但在相位上却相反，所以它们是互相平衡的。这两个互相平衡的磁势不可能产生与一次、二次绕组全部线匝相交链的磁通，仅产生与一次、二次绕组线匝不同程度交链的磁通，这个磁通称为负载漏磁通，以区别于由一次空载磁势 $\dot{I}_0W_1$ 所产生的空载漏磁通及一次空载磁势 $\dot{I}_0W_1$ 的励磁分量 $\dot{I}_mW_1$ 所产生的铁芯主磁通。在忽略空载漏磁通的情况下，负载漏磁通可以简称为漏磁通。负载漏磁通是变压器的一个重要参数，对变压器的技术经济指标影响极大。

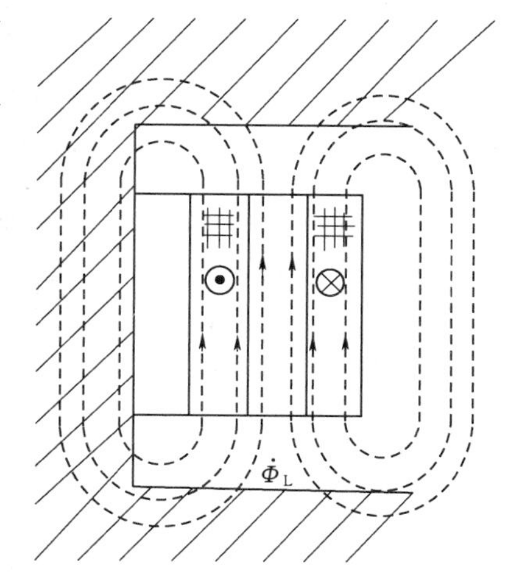

图 1.6 负载运行时负载漏磁通的分布

图 1.6 为负载运行时负载漏磁通的分布，不难看出，一次、二次绕组彼此排列得越紧凑，负载漏磁通 $\dot{\Phi}_L$ 越小。这也是变压器同相绕组排列在同一铁芯柱上且往往同心放置的重要原因。

负载漏磁通 $\dot{\Phi}_L$ 是由彼此互相平衡的磁势 $\dot{I}'_1W_1$ 和 $-\dot{I}_2W_2$ 共同产生的，所谓互相平衡，即其相量和等于零。

负载漏磁通 $\dot{\Phi}_L$ 在一次、二次绕组中分别感应出负载漏抗电压 $\dot{E}_{L1}$、$\dot{E}_{L2}$，它们同相位，且超前漏磁通 $\dot{\Phi}_L$ 90°，即超前一次电流的负载分量 $\dot{I}'_1$ 90°，亦超前二次电流 $\dot{I}_2$ 90°。根据部分电路欧姆定律可得

$$\dot{E}_L = \mathrm{j}\dot{I}X \tag{1.15}$$

式中 $\dot{E}_L$——绕组的负载漏抗电压，V；

$\dot{I}$——绕组的负载电流，A；

X——绕组的负载漏电抗，Ω。

式（1.15）对一次、二次绕组都是完全成立的。

根据基尔霍夫第二定律，并结合图 1.6 所示的物理量的正方向，可以分别写出负载运行时变压器一次、二次电路的电压方程式，即

$$\dot{U}_1 = \dot{E}_1 + \dot{E}_{s1} + \dot{E}_{L1} + \dot{I}_1R_1 = \dot{E}_1 + \mathrm{j}\dot{I}_0X_{s1} + \mathrm{j}\dot{I}'_1X_1 + \dot{I}_1R_1 \tag{1.16}$$

$$\dot{U}_2 = \dot{E}_2 + \dot{E}_{s2} - \dot{E}_{L2} - \dot{I}_2R_2 = \dot{E}_2 + \mathrm{j}\dot{I}_0X_{s2} - \mathrm{j}\dot{I}_2X_2 - \dot{I}_2R_2 \tag{1.17}$$

式中 $\dot{E}_{L1}$，$\dot{E}_{L2}$——一次、二次绕组的负载漏抗电压，V；

X_1，X_2——一次、二次绕组的负载电抗，Ω；

$\dot{I}'_1$——一次电流负载分量，A；

R_1、R_2——一次、二次绕组的电阻，Ω。

式（1.16）和式（1.17）中，电流在阻抗上所产生的电压前的符号，取决于电流和电压的空间方向。电流和电压的空间方向相同时取正号，否则取负号。

式（1.16）表明，负载运行时，一次绕组的端电压 $\dot{U}_1$ 等于一次绕组的感应电压 $\dot{E}_1$、空载漏抗电压 $\dot{E}_{s1}$、负载漏抗电压 $\dot{E}_{L1}$ 及电阻电压 $\dot{I}_1R_1$ 之相量和。

式（1.17）表明，负载运行时，二次绕组的端电压 $\dot{U}_2$ 等于二次绕组的感应电压 $\dot{E}_2$ 加上空载漏抗电压 $\dot{E}_{s2}$、减去负载漏抗电压 $\dot{E}_{L2}$、再减去电阻电压 $\dot{I}_2R_2$ 的相量和。

根据以上分析，可以绘出负载运行时变压器各电磁参量的相量图。图 1.7（a）、（b）、（c）分别表示二次负载为感性、阻性和容性时的负载运行相量图。其中 φ_1 和 φ_2 分别表示一次、二次电路的功率因数角。通常变压器多为电感性的负载。

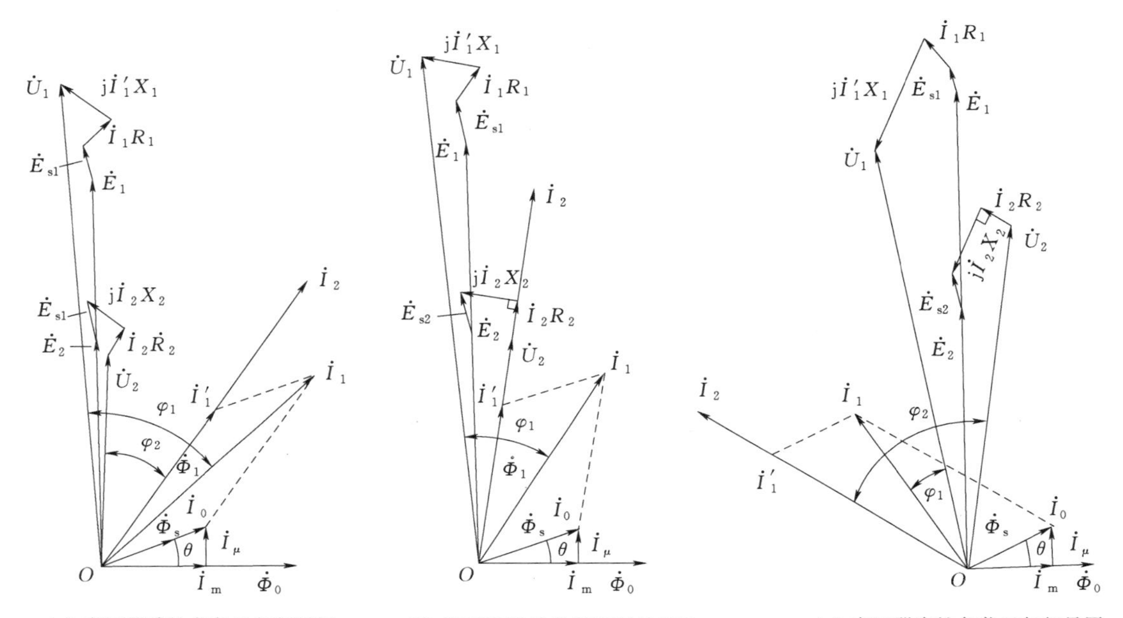

（a）变压器感性负载运行相量图　（b）变压器阻性负载运行相量图　（c）变压器容性负载运行相量图

图 1.7　变压器负载运行相量图

由相量图可以明显看出，由于空载电流的存在，一次电流总是滞后于二次电流，所以 $\dot{I}_1R_1$ 与 $j\dot{I}'_1X_1$ 之间的夹角小于 90°。在感性负载下，一次侧的端电压高于感应电压，二次侧的端电压低于感应电压。由于绕组漏电抗的存在，致使一次侧的功率因数低于二次侧的功率因数。在容性负载下，通常一次侧的端电压低于感应电压，而二次侧的端电压高于感应电压。

在忽略空载漏磁通的情况下，图 1.7 可简化为图 1.8。

在忽略空载漏磁通的情况下，变压器一次、二次电路的电压方程式可以简化为

$$\dot{U}_1=\dot{E}_1+j\dot{I}'_1X_1+\dot{I}_1R_1 \tag{1.18}$$

$$\dot{U}_2=\dot{E}_2-j\dot{I}_2X_2-\dot{I}_2R_2 \tag{1.19}$$

变压器一次绕组从电源汲取的能量 $U_1I_1\cos\varphi_1$ 除补偿铁芯损耗 $E_0I_1\sin\theta$、绕组电阻损耗及各种附加损耗外，其余部分 $U_2I_2\cos\varphi_2$ 则由二次绕组传输到二次电路中。消耗在变压器内的各种损耗均转变成热能而散发掉，大型电力变压器效率通常在 0.995 以上。

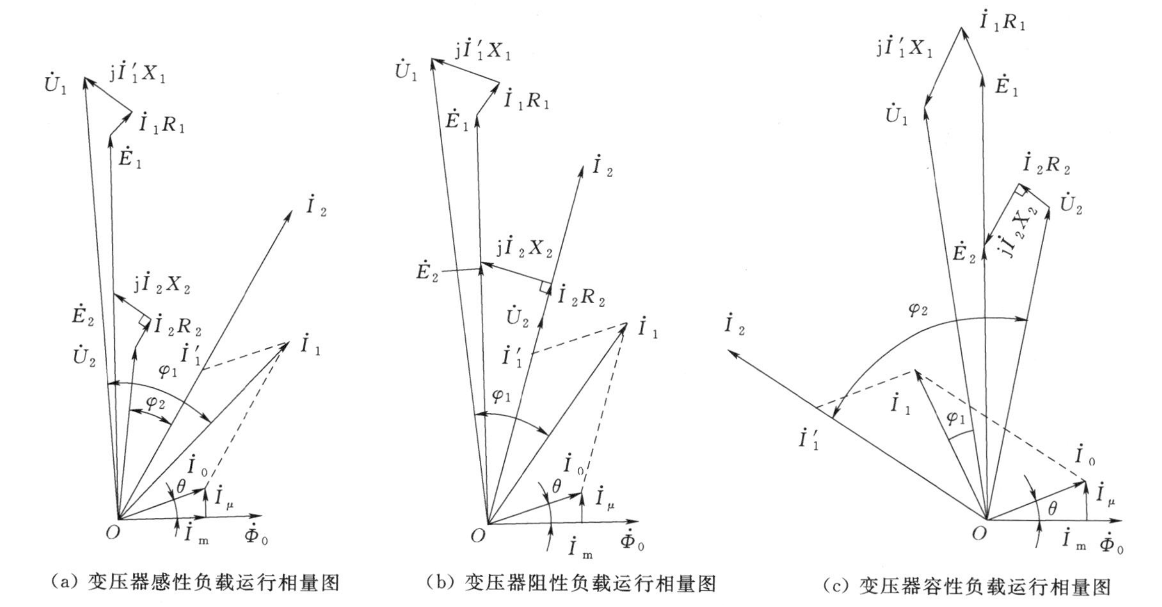

(a) 变压器感性负载运行相量图　(b) 变压器阻性负载运行相量图　(c) 变压器容性负载运行相量图

图 1.8　忽略空载磁通的变压器负载运行相量图

1.8　短路运行

变压器一次绕组接上电源，而二次绕组短路时的工作状态称为短路运行，图 1.9 为单相双绕组变压器短路运行电路图，图中标出了各物理量的空间正方向。短路运行是变压器二次负载阻抗等于零时的负载运行。为了避免电流过大而烧毁变压器，变压器在短路运行时必须降低一次电压，以确保绕组电流不超过额定值。通过试验确定变压器负载损耗、短路电抗等关键技术参数，以及用短路损耗产生的热量进行变压器绝缘干燥时，均需要变压

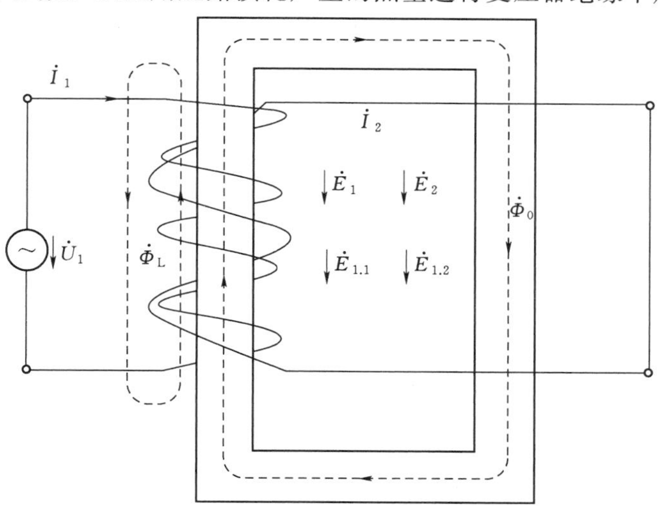

图 1.9　单相双绕组变压器短路运行电路图

器工作在短路状态。因此，有必要了解其基本运行原理。

短路运行是变压器在二次负载阻抗等于零时的一种特殊形式，电磁关系也完全适用于短路运行。短路运行时，由于二次负载阻抗等于零，所以二次端电压亦等于零。如果忽略空载漏磁通，那么一次、二次电路的电压方程式为

$$\dot{U}_1=\dot{E}_1+\mathrm{j}\dot{I}'_1X_1+\dot{I}_1R_1 \tag{1.20}$$

$$0=\dot{E}_2-\mathrm{j}\dot{I}_2X_2-\dot{I}_2R_2 \tag{1.21}$$

短路运行时，由于一次电压较低（阻抗电压百分数与一次额定电压之积），故铁芯磁通密度也较低，因此，空载电流和铁芯损耗也极小。在忽略空载电流的情况下，磁势平衡方程式为

$$\dot{I}'_1W_1-\dot{I}_2W_2=0 \tag{1.22}$$

可见，一次、二次电流之比与绕组匝数成反比，即

$$\frac{I_1}{I_2}=\frac{W_2}{W_1} \tag{1.23}$$

一次电路的电压方程式可以化简成

$$\dot{U}_1=\dot{E}_1+\mathrm{j}\dot{I}_1X_1+\dot{I}_1R_1 \tag{1.24}$$

将式（1.21）乘以$\frac{W_1}{W_2}$，再与式（1.24）相减，得

$$\dot{U}_1=\dot{I}_1\left[R_1+R_2\left(\frac{W_1}{W_2}\right)^2\right]+\mathrm{j}\dot{I}_1\left[X_1+X_2\left(\frac{W_1}{W_2}\right)^2\right]=\dot{I}_1R_K+\mathrm{j}\dot{I}_1X_K=\dot{I}_1Z_K \tag{1.25}$$

式中 R_K——变压器一次、二次绕组折合到一次侧的短路电阻，Ω；

X_K——变压器一次、二次绕组折合到一次侧的短路电抗，Ω；

Z_K——变压器一次、二次绕组折合到一次侧的短路阻抗，Ω。

式（1.25）中的短路阻抗是变压器的一个重要参数，是取决于变压器本身结构的物理量。短路运行时，当一次、二次电流为额定值时的一次电压，称为变压器的阻抗电压，即

$$\dot{U}_K=\dot{I}_{1N}Z_K=\dot{I}_{1N}(R_K+\mathrm{j}X_K)=\dot{U}_R+\dot{U}_X \tag{1.26}$$

式中 $\dot{U}_K$——变压器的阻抗电压，V；

$\dot{I}_{1N}$——变压器额定一次电流，A；

$\dot{U}_R$——阻抗电压的电阻电压分量，V；

$\dot{U}_X$——阻抗电压的电抗电压分量，V。

图1.10为忽略空载漏磁通的变压器短路运行各电磁参量的相量图，通常也称为阻抗电压三角形。

图1.10中的φ_K为变压器短路阻抗的功率因数角，$\varphi_K=\tan^{-1}\frac{X_K}{R_K}$。在工程上，通常将阻抗电压表示成占额定相电压的百分数形式，即以额定相电压为基准的标幺值。当短路阻抗折合至一次侧时，阻抗电压百分数可表示为

$$U_{R(\%)}=\frac{U_R}{U_{1N}}\times100=\frac{I_{1N}R_K}{U_{1N}}\times100 \tag{1.27}$$

$$U_{X(\%)}=\frac{U_X}{U_{1N}}\times 100=\frac{I_{1N}X_K}{U_{1N}}\times 100 \tag{1.28}$$

$$U_{K(\%)}=\frac{U_K}{U_{1N}}\times 100=\sqrt{U_{R(\%)}^2+U_{X(\%)}^2} \tag{1.29}$$

式中 U_{1N}——额定一次相电压，V。

短路运行时，变压器一次绕组从电源吸取的能量全部消耗在变压器本身的损耗上，并以热量的形式散发掉。变压器在额定电流下短路运行时，若近似认为一次绕组压降与二次绕组折算后的压降相等，则由阻抗电压三角形可以得出 $\dot{E}_1=\dot{E}_2=\dot{U}/2$。举例说明如下：

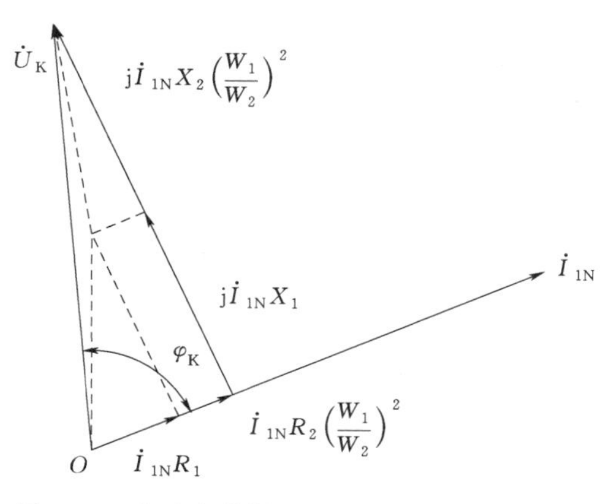

图 1.10 忽略空载漏磁通的变压器短路相量图

若 U_K 为 0.1，那么感应电动势将近似为额定电压的 1/20，此时的损耗将为 $(1/20)^2=1/400$，因此铁芯损耗也极小。所以变压器的损耗基本上反映了绕组的损耗及附加损耗，这种损耗通常称为负载损耗。负载损耗也是变压器的重要参数之一。同时，由阻抗电压三角形可得

$$P_K=U_K I_{1N}\cos\varphi_K=U_R I_{1N} \tag{1.30}$$

比较式（1.27）和式（1.30），可得

$$U_{R(\%)}=\frac{U_R I_{1N}}{U_{1N}I_{1N}}\times 100=\frac{P_K}{10P} \tag{1.31}$$

式中 P_K——负载损耗，W；

P——变压器容量，kVA。

至于阻抗电压电抗分量的计算，由于它涉及绕组的结构及负载漏磁通的分布，推导较为复杂，将在以后详细说明。

由上述分析可知，变压器阻抗电压的电阻电压分量为

$$U_R=\frac{P_K}{I_{1N}} \tag{1.32}$$

变压器的短路电阻为

$$R_K=R_1+R_2\frac{W_1}{W_2}^2=\frac{U_R}{I_{1N}}=\frac{P_K}{I_{1N}^2} \tag{1.33}$$

由式（1.33）可以得出，在描述变压器工作原理的电压方程式中，一次、二次绕组的电阻 R_1、R_2 是指表征绕组损耗的短路电阻，并不是绕组的直流电阻，前者比后者要大一些。

在式（1.26）中，阻抗电压 $\dot{U}_K$ 及其分量 $\dot{U}_R$ 和 $\dot{U}_X$、短路阻抗 Z_K 及其分量 R_K 和 X_K，均为折合至一次侧的量值。将式（1.26）两端均乘以 $\frac{W_2}{W_1}$，即可将阻抗电压及短路阻抗折合至二次侧，即

$$\dot{U}_K'=\dot{U}_K\frac{W_2}{W_1}=\dot{I}_{1N}\frac{W_1}{W_2}Z_K\left(\frac{W_2}{W_1}\right)^2=\dot{I}_{2N}Z_K'=\dot{I}_{2N}R_K'+j\dot{I}_{2N}X_K'=\dot{U}_R'+\dot{U}_X' \tag{1.34}$$

其中

$$R'_{K}=R_{K}\left(\frac{W_{2}}{W_{1}}\right)^{2}=R_{1}\left(\frac{W_{2}}{W_{1}}\right)^{2}+R_{2} \tag{1.35}$$

$$X'_{K}=X_{K}\left(\frac{W_{2}}{W_{1}}\right)^{2}=X_{1}\left(\frac{W_{2}}{W_{1}}\right)^{2}+X_{2} \tag{1.36}$$

$$Z'_{K}=Z_{K}\left(\frac{W_{2}}{W_{1}}\right)^{2}=R_{K}\left(\frac{W_{2}}{W_{1}}\right)^{2}+\mathrm{j}X_{K}\left(\frac{W_{2}}{W_{1}}\right)^{2}=R'_{K}+\mathrm{j}X'_{K} \tag{1.37}$$

这时阻抗电压百分数为

$$U'_{R(\%)}=\frac{U'_{R}}{U_{2N}}\times 100=\frac{I_{2N}R'_{K}}{U_{2N}}\times 100=\frac{I_{1N}R_{K}}{U_{1N}}\times 100=U_{R(\%)} \tag{1.38}$$

$$U'_{X(\%)}=\frac{U'_{X}}{U_{2N}}\times 100=\frac{I_{2N}X'_{K}}{U_{2N}}\times 100=\frac{I_{1N}X_{K}}{U_{1N}}\times 100=U_{X(\%)} \tag{1.39}$$

$$U'_{K(\%)}=\sqrt{U'^{2}_{R(\%)}+U'^{2}_{X(\%)}}=\sqrt{U^{2}_{R(\%)}+U^{2}_{X(\%)}}=U_{K(\%)} \tag{1.40}$$

式中 U_{2N}——额定二次相电压，V；

I_{2N}——额定二次相电流，A。

由式（1.38）～式（1.40）可以看出，用百分数表示的阻抗电压折合至一次侧的量值与折合至二次侧的量值完全相同。所以工程上通常以百分数表示阻抗电压及其分量。

1.9 等值电路

电力变压器大多数是三相的。容量特大的，受限于运输条件，一般为单相，但在使用时结成三相变压器组。

1.9.1 双绕组变压器等值电路和参数计算

双绕组变压器的近似等值电路通常将励磁支路前移至电源侧，将二次绕组的电阻和漏电抗折算到一次侧，并与一次绕组的电阻和漏电抗合并，用等值阻抗 $R+\mathrm{j}X$ 表示。

变压器铭牌参数中通常有短路损耗 P_K、短路阻抗电压 $U_K\%$、空载损耗 P_0、空载电流百分数 $I_0\%$四个关键参数。短路损耗和短路阻抗电压由短路试验得到，可以确定电阻 R_T 和电抗 X_T；空载损耗和空载电流百分数由空载试验得到，可以确定电导 G_T 和电纳 B_T。对于三相电力变压器，由式（1.33）可得

$$R_{T}=P_{K}/3I_{N}^{2} \tag{1.41}$$

实际应用中，用三相额定容量 S_N 和额定线电压 U_N 进行计算，式（1.41）可改写为

$$R_{T}=\frac{\Delta P_{S}U_{N}^{2}}{S_{N}^{2}}\times 10^{3} \tag{1.42}$$

式（1.42）中，P_S 的单位为 kW，S_N 的单位为 kVA，U_N 的单位为 kV。

$$X_{T}=\frac{U_{X}\%}{100}\times\frac{U_{N}}{\sqrt{3}I_{N}}=\frac{U_{X}\%}{100}\times\frac{U_{N}^{2}}{S_{N}}\times 10^{3} \tag{1.43}$$

式（1.43）在变压器绕组机械状态诊断工作中经常用到。

由于空载电流相对于额定电流很小，9 型及以后的电力变压器空载电流通常在额定电流 0.5%以下，因此可以认为空载损耗主要是铁芯损耗，可得

$$G_{\mathrm{T}}=\frac{P_{\mathrm{Fe}}}{U_{\mathrm{N}}^{2}}\times 10^{-3}=\frac{P_{0}}{U_{\mathrm{N}}^{2}}\times 10^{-3} \tag{1.44}$$

式（1.44）中 G_{T} 的单位为 S。

电纳代表变压器的励磁功率。空载电流包括有功分量和无功分量，与励磁功率对应的是无功分量。一般空载试验时功率因素一般为 0.4～0.6。

$$Y_{\mathrm{T}}=\frac{I_{0}\%}{100}\times\frac{\sqrt{3}I_{\mathrm{N}}}{U_{\mathrm{N}}}=\frac{I_{0}\%}{100}\times\frac{S_{\mathrm{N}}}{U_{\mathrm{N}}^{2}}\times 10^{-3} \tag{1.45}$$

将式（1.45）中 Y_{T} 的 G_{T} 分离即可得到电纳 B_{T}。

双绕组变压器折合至一次侧的"Γ"等值电路如图 1.11 所示。

1.9.2 多绕组变压器等值电路和参数计算

多绕组变压器在电网中更为常见，由双绕组变压器的工作过程可推导出如图 1.12 所示的具有 n 个绕组的变压器工作过程的一般方程式。

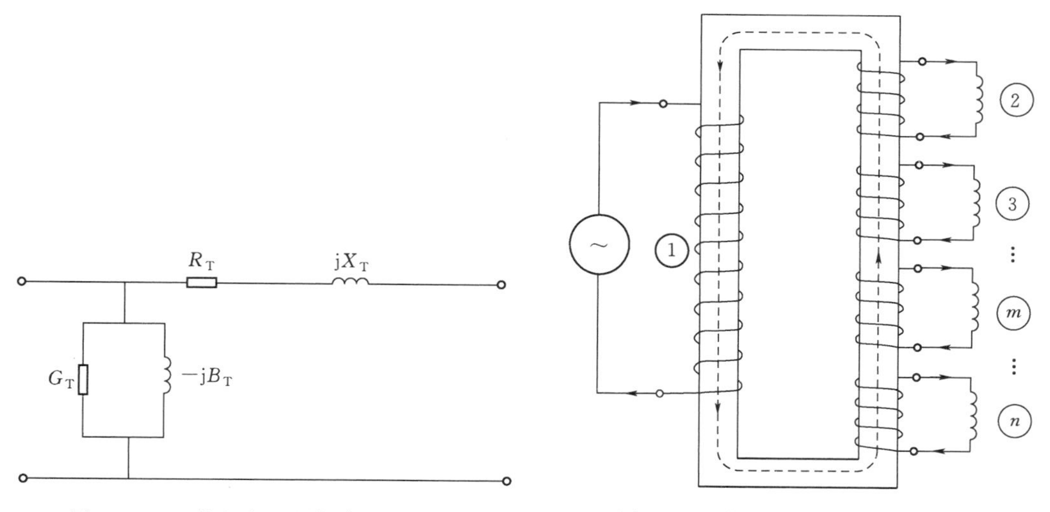

图 1.11 双绕组变压器折合至一次侧的"Γ"等值电路图

图 1.12 多绕组变压器结构示意图

其中绕组 1 是一次绕组，其余绕组 2～n 是二次绕组。当一次绕组励磁时，铁芯产生主磁通，在各绕组均感应出电压，这样就实现了功率的传输。如果用 $\dot{I}_1$，$\dot{I}_2$，…，$\dot{I}_n$ 表示流经变压器相应绕组的电流，而用 W_1，W_2，W_3，…，W_n 表示对应绕组的匝数，则根据磁势平衡原理可得

$$\dot{I}_1W_1-\dot{I}_2W_2-\cdots-\dot{I}_nW_n=\dot{I}_0W_1 \tag{1.46}$$

即励磁电流 $\dot{I}_0$ 在铁芯中建立了闭合的主磁通，与所有绕组的全部匝数交链，并且在绕组中产生大小正比于绕组匝数的感应电动势。为简化分析，忽略空载损耗和空载电流，

并把所有绕组的匝数都归算到同一个匝数，可以把多绕组变压器作为导磁系数为常数的无损耗介质中的电感线圈相互作用处理，则每个线圈的端电压不仅取决于该线圈的自感电压，还取决于该线圈与其他线圈的互感电压。同时，由于一次线圈的电抗电压超前于电流90°，而二次线圈的电抗电压则滞后于电流90°，可得到下列多绕组变压器的电动势联立方程式：

$$\left.\begin{aligned}\dot{U}_1&=\dot{E}_1+j\dot{I}_1X_{11}-j\dot{I}_2X_{12}-j\dot{I}_3X_{13}-\cdots-j\dot{I}_nX_{1n}+\dot{I}_1R_1\\\dot{U}_2&=\dot{E}_2+j\dot{I}_1X_{21}-j\dot{I}_2X_{22}-j\dot{I}_3X_{23}-\cdots-j\dot{I}_nX_{1n}-\dot{I}_2R_2\\&\vdots\\\dot{U}_m&=\dot{E}_m+j\dot{I}_1X_{m1}-j\dot{I}_2X_{m2}-j\dot{I}_sX_{m3}-\cdots-j\dot{I}_mX_{mn}-\dot{I}_mR_m\\&\vdots\\\dot{U}_n&=\dot{E}_n+j\dot{I}_1X_{n1}-j\dot{I}_2X_{n2}-j\dot{I}_3X_{n3}-\cdots-j\dot{I}_nX_{nn}-\dot{I}_nR_n\end{aligned}\right\}\tag{1.47}$$

式中 $\dot{U}_1$，$\dot{U}_2$，…，$\dot{U}_n$——各绕组的端电压；

$\dot{E}_1$，$\dot{E}_2$，…，$\dot{E}_n$——各绕组的感应电压；

X_{11}，X_{22}，…，X_{nn}——绕组的自感电抗；

X_{12}，X_{13}，…，X_{mn}——绕组间互感电抗。

述（1.47）的物理意义为：一次绕组的端电压即外施电压，等于该绕组的自感电压与各绕组的电流在该绕组中所产生电压降之和；二次绕组的端电压即施加在外部负载上的电压，等于该绕组的感应电压与各绕组的电流在该绕组中所引起的电压降之和（一次前的符号取+，其他绕组的电流前符号取－）。

由于忽略了空载电流，可得

$$\dot{I}_1=\dot{I}_2+\dot{I}_3+\cdots+\dot{I}_n\tag{1.48}$$

空载运行时，各绕组的端电压即感应电压相等，都等于一次电压 $\dot{U}_1$，负载运行时，各二次绕组的电压降为

$$\left.\begin{aligned}\dot{U}_1-\dot{U}_2&=\dot{I}_1R_1+\dot{I}_2R_2+j\dot{I}_1(X_{11}-X_{21})+j\dot{I}_2(X_{22}-X_{12})+j\dot{I}_3(X_{23}-X_{13})\\&\quad+\cdots+j\dot{I}_n(X_{2n}-X_{1n})\\\dot{U}_1-\dot{U}_3&=\dot{I}_1R_1+\dot{I}_3R_3+j\dot{I}_1(X_{11}-X_{31})+j\dot{I}_2(X_{32}-X_{12})+j\dot{I}_3(X_{33}-X_{13})\\&\quad+\cdots+j\dot{I}_n(X_{3n}-X_{1n})\\&\vdots\\\dot{U}_1-\dot{U}_m&=\dot{I}_1R_1+\dot{I}_mR_m+j\dot{I}_1(X_{11}-X_{m1})+j\dot{I}_2(X_{m2}-X_{12})+j\dot{I}_3(X_{m3}-X_{13})\\&\quad+\cdots+j\dot{I}_m(X_{mn}-X_{1n})\\&\vdots\\\dot{U}_1-\dot{U}_n&=\dot{I}_1R_1+\dot{I}_nR_n+j\dot{I}_1(X_{11}-X_{n1})+j\dot{I}_2(X_{n2}-X_{12})+j\dot{I}_3(X_{n3}-X_{13})\\&\quad+\cdots+j\dot{I}_n(X_{nn}-X_{1n})\end{aligned}\right\}\tag{1.49}$$

将式（1.48）代入可得

$$\left.\begin{aligned}
\dot{U}_1-\dot{U}_2=&\dot{I}_2[(R_1+R_2)+\mathrm{j}(X_{11}-X_{21}-X_{12}+X_{22})]+\dot{I}_3[R_1+\mathrm{j}(X_{11}-X_{21}-X_{13}+X_{23})]\\
&+\cdots+\dot{I}_n[R_1+\mathrm{j}(X_{11}-X_{21}-X_{1n}+X_{2n})]\\
&\vdots\\
\dot{U}_1-\dot{U}_m=&\dot{I}_2[R_1+\mathrm{j}(X_{11}-X_{m1}-X_{12}+X_{m2})]+\dot{I}_3[R_1+\mathrm{j}(X_{11}-X_{m1}-X_{13}+X_{m3})]\\
&+\cdots+\dot{I}_m[(R_1+R_m)+\mathrm{j}(X_{11}-X_{m1}-X_{1m}+X_{mm})]\\
&+\cdots+\dot{I}_n[R_1+\mathrm{j}(X_{11}-X_{m1}-X_{1n}+X_{mn})]\\
&\vdots\\
\dot{U}_1-\dot{U}_n=&\dot{I}_2[R_1+\mathrm{j}(X_{11}-X_{n1}-X_{12}+X_{n2})]+\dot{I}_3[R_1+\mathrm{j}(X_{11}-X_{n1}-X_{13}+X_{n3})]\\
&+\cdots+\dot{I}_n[(R_1+R_n)+\mathrm{j}(X_{11}-X_{n1}-X_{1n}+X_{nn})]
\end{aligned}\right\}\tag{1.50}$$

对于双绕组变压器，可得

$$\dot{U}_1-\dot{U}_2=\dot{I}_2[(R_1+R_2)+\mathrm{j}(X_{11}-X_{21}-X_{12}+X_{22})]\tag{1.51}$$

可见，式（1.50）与式（1.26）表达式一致，式（1.50）中，R_1+R_2 为两个绕组的短路电阻，而 $X_{11}-X_{21}-X_{12}+X_{22}$ 为两个绕组的短路电抗，即

$$\left.\begin{aligned}
R_m+R_n&=R_{\mathrm{K}mn}\\
X_{mm}-X_{mn}-X_{nm}+X_{nn}&=X_{\mathrm{K}mn}
\end{aligned}\right\}\tag{1.52}$$

式中　$R_{\mathrm{K}mn}$——m 绕组和绕组 n 对间的短路电阻；

$X_{\mathrm{K}mn}$——m 绕组和 n 绕组对间的短路电抗。

同时，由于 $X_{mn}=X_{nm}$，则

$$X_{11}-X_{21}-X_{13}+X_{23}=\frac{X_{11}-X_{21}-X_{12}+X_{22}}{2}+\frac{X_{11}-X_{31}-X_{13}+X_{33}}{2}-\frac{X_{22}-X_{32}-X_{23}+X_{33}}{2}=\frac{X_{\mathrm{K}12}+X_{\mathrm{K}13}-X_{\mathrm{K}23}}{2}=X_{123}$$

推广至一般情况，即

$$X_{1mn}=X_{11}-X_{m1}-X_{1n}+X_{mn}=\frac{X_{\mathrm{K}1m}+X_{\mathrm{K}1n}-X_{\mathrm{K}nm}}{2}\tag{1.53}$$

因此，式（1.50）可简化为

$$\left.\begin{aligned}
\dot{U}_1-\dot{U}_2&=\dot{I}_2Z_{\mathrm{K}12}+\dot{I}_3Z_{123}+\cdots+\dot{I}_nZ_{12n}\\
\dot{U}_1-\dot{U}_3&=\dot{I}_2Z_{132}+\dot{I}_3Z_{\mathrm{K}13}+\cdots+\dot{I}_nZ_{13n}\\
&\vdots\\
\dot{U}_1-\dot{U}_m&=\dot{I}_2Z_{1m2}+\dot{I}_3Z_{1m3}+\cdots+\dot{I}_mZ_{\mathrm{K}1m}+\cdots+\dot{I}_nZ_{1mn}\\
&\vdots\\
\dot{U}_1-\dot{U}_n&=\dot{I}_2Z_{1n2}+\dot{I}_3Z_{1n3}+\cdots+\dot{I}_nZ_{\mathrm{K}1n}
\end{aligned}\right\}\tag{1.54}$$

Z_{1mn} 为绕组 m 和绕组 n 之间的影响阻抗，物理意义为 m 绕组电流在 n 绕组中所引起

的电压降与 m 绕组电流的商，同样，也为 n 绕组电流在 m 绕组中所引起的电压降与 n 绕组电流的商。式（1.54）是分析多绕组变压器的关键方程式。

1.9.3 二次电压调整率

电压调整率是变压器的重要性能参数之一，电压调整率定义为空载电压与负载电压之差与空载电压的之比。若用 $\dot{U}_{02}$ 表示空载时二次侧电压，$\dot{U}_2$ 表示带负载时二次电压，则二次电压调整率 ε 可表示为

$$\varepsilon=\frac{\dot{U}_{02}-\dot{U}_2}{\dot{U}_{02}} \tag{1.55}$$

功率因数滞后负载的电压调整率表达式为

$$\varepsilon=\varepsilon_r\cos\theta_2+\varepsilon_x\sin\theta_2+\frac{1}{2}(\varepsilon_x\cos\theta_2-\varepsilon_r\sin\theta_2)^2 \tag{1.56}$$

式中 ε_r——阻抗电压标幺值的电阻分量；

ε_x——阻抗电压标幺值的电抗分量。

式（1.56）是在额定负载下得出的，具体应用时需根据实际负载率进行折算。

功率因数超前负载（$\dot{I}_2$ 超前 $\dot{u}_2$，角度为 θ_2）的电压调整率为

$$\varepsilon=\varepsilon_r\cos\theta_2-\varepsilon_x\sin\theta_2+\frac{1}{2}(\varepsilon_x\cos\theta_2+\varepsilon_r\sin\theta_2)^2 \tag{1.57}$$

由于二次方项的值很小，工程计算将其忽略不会带来太大的误差，式（1.57）可简化为

$$\varepsilon=\varepsilon_r\cos\theta_2\pm\varepsilon_x\sin\theta_2 \tag{1.58}$$

对于三绕组电力变压器，功率因数滞后负载的电压调整率为

$$\begin{aligned}\varepsilon_{12}=&\varepsilon_{r12}\cos\theta_2+\varepsilon'_{r123}\cos\theta_3+\varepsilon_{x12}\sin\theta_2+\varepsilon'_{x123}\sin\theta_3+\frac{1}{200}(\varepsilon_{x12}\cos\theta_2+\varepsilon'_{x123}\cos\theta_3\\&-\varepsilon_{r12}\sin\theta_2-\varepsilon'_{r123}\sin\theta_3)^2\end{aligned} \tag{1.59}$$

其中

$$\varepsilon'_{r123}=\frac{I_3R_{123}}{U_1},\quad \varepsilon'_{x123}=\frac{I_3X_{123}}{U_1}$$

$$\begin{aligned}\varepsilon_{13}=&\varepsilon_{r13}\cos\theta_3+\varepsilon_{r123}\cos\theta_2+\varepsilon_{x13}\sin\theta_3+\varepsilon_{x123}\sin\theta_2+\frac{1}{200}(\varepsilon_{x13}\cos\theta_3+\varepsilon_{x123}\cos\theta_2\\&-\varepsilon_{r13}\sin\theta_2-\varepsilon_{r123}\sin\theta_2)^2\end{aligned} \tag{1.60}$$

其中

$$\varepsilon_{r123}=\frac{I_2R_{123}}{U_1},\quad \varepsilon_{x123}=\frac{I_2X_{123}}{U_1}$$

即对于三绕组变压器，联合运行时，第二和第三绕组不可能同时达到额定容量，需根据实际负荷大小进行折算。

电力变压器磁路及其励磁特性

2.1　铁芯结构

铁芯是变压器主要部件之一，由硅钢片通过夹件夹紧构成，起到能量转换和支撑绕组两大作用。铁芯一般可分为壳式和心式两大类，铁轭包围绕组的为壳式铁芯，否则为心式铁芯。每类又可分为叠铁芯和卷铁芯两种，电力变压器一般为心式叠铁芯，低损耗配电变压器一般为心式卷铁芯。

2.2　铁芯磁通分布

当变压器励磁后，在铁芯内建立主磁通。在变压器评估工作中，经常要估算绕组匝数。由变压器额定容量，可计算出铁芯柱直径，从而得到铁芯柱的截面积，再乘叠片系数，就可得到铁芯柱的有效截面积。铁轭截面积与铁芯柱截面积的关系可由铁芯各部分的磁通分布确定。铁芯磁通分布见表2.1。

表2.1　　铁芯磁通分布

种类	型式	磁通分布图及相量图	磁通分布及铁轭大小
1	单相双柱式	$\dot{\Phi}$　$\dot{\Phi}_n$　$\dot{\Phi}$　$\dot{\Phi}$　$\frac{\dot{\Phi}}{2}$	芯柱磁通与铁轭相同，铁轭截面等于芯柱截面

续表

种类	型式	磁通分布图及相量图	磁通分布及铁轭大小
2	单相双柱带旁轭式（单相三柱）	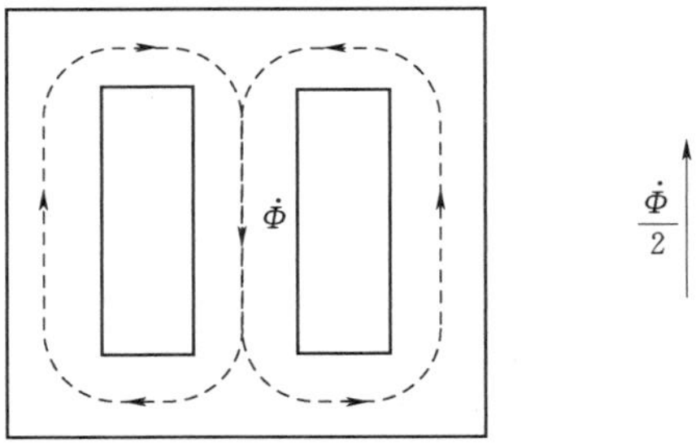 $\dot{\Phi}$　$\frac{\dot{\Phi}}{2}$	铁芯磁路左右对称，上下端铁轭和旁轭磁通均为芯柱的一半
3	三相三柱式	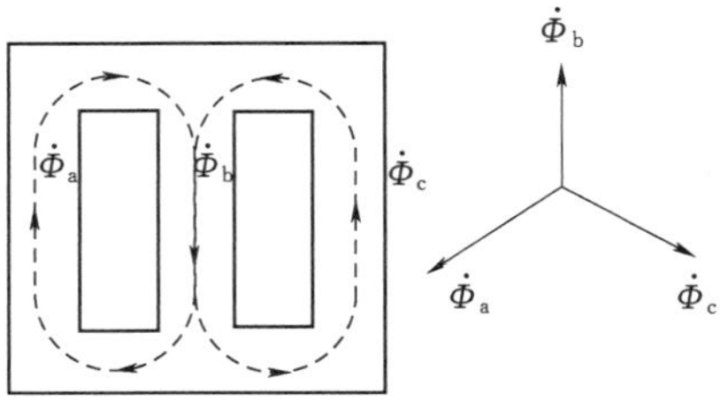 $\dot{\Phi}_a$　$\dot{\Phi}_b$　$\dot{\Phi}_c$	左右铁轭的磁通及左右两个边柱的磁通，但相位不同，铁轭截面与芯柱截面相同
4	三相三柱带旁轭式（三相五柱）	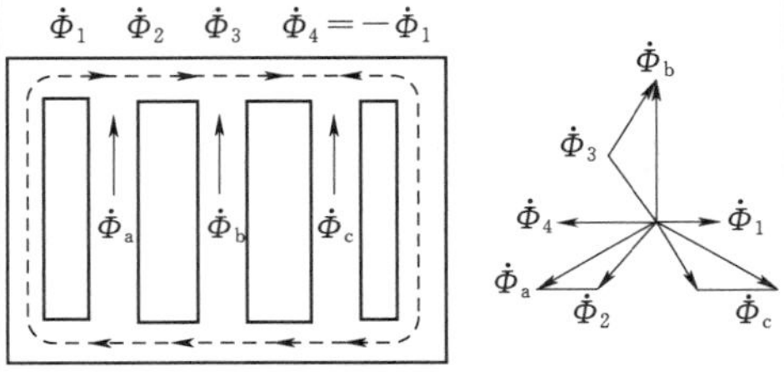 $\dot{\Phi}_1$　$\dot{\Phi}_2$　$\dot{\Phi}_3$　$\dot{\Phi}_4=-\dot{\Phi}_1$　$\dot{\Phi}_a$　$\dot{\Phi}_b$　$\dot{\Phi}_c$	铁轭磁通相量差为芯柱磁通，铁轭截面为芯柱的$\frac{1}{\sqrt{3}}$，从而比三相三柱铁芯高度降低了$2\times\left(1-\frac{1}{\sqrt{3}}\right)$

2.3 芯柱直径和容量计算

2.3.1 芯柱直径计算

对于双绕组变压器，每柱容量为

$$S_Z=U_\Phi I_\Phi\times10^{-3} \tag{2.1}$$

式中 U_Φ——相电压，V；

I_Φ——相电流，A。

电抗压降为

$$U_X=\frac{49.6fWI_\Phi\sum D_{eq}\rho}{e_tH_K\times10^6} \tag{2.2}$$

式中 U_X——电抗压降，V；

f——频率，Hz；

W——绕组匝数；

$\sum D_{eq}$——等效漏磁面积，cm^2；

ρ——洛式系数；

e_t——匝电压，V；

H_K——绕组电抗高度，cm。

则

$$I_\Phi = \frac{e_t H_K \times 10^6 U_X}{49.6 f W \sum D_{eq} \rho} \tag{2.3}$$

同时，$U_\Phi = We_t$，则

$$e_t = 4.44 f B_m \frac{\pi D^2}{4} \times 10^{-4} \tag{2.4}$$

式中 B_m——主磁通密度，T；

D——芯柱直径，mm。

可得

$$S_Z = \frac{(1.11 f B_m \pi D^2 \times 10^{-4})^2 H_K U_X \times 10^3}{49.6 f \sum D_{eq} \rho} \tag{2.5}$$

式（2.5）移项开四次方得

$$D = \sqrt[4]{\frac{49.6 \sum D_{eq} \rho}{1.11 f B_m^2 \pi^2 H_K U_X \times 10^{-5}}} \sqrt[4]{S_Z} = K \sqrt[4]{S_Z} \tag{2.6}$$

对于常见铜绕组电力变压器，K 通常取值为 51～57。

2.3.2 单个芯柱容量计算

变压器单个芯柱容量是变压器的物理容量除以套有绕组的铁芯柱数，而变压器物理容量需折算为双绕组变压器容量，即

$$S_Z = \frac{P'_N}{m_t} \tag{2.7}$$

式中 P'_N——变压器物理容量；

m_t——套有绕组的铁芯柱数。

对于单相双绕组变压器，有

$$S_Z = \frac{S_N}{2} \tag{2.8}$$

对于三相双绕组变压器，有

$$S_Z = \frac{S_N}{3} \tag{2.9}$$

对于三绕组变压器，有

$$S_Z = \frac{P'_N}{m_t} = \frac{P_1 + P_2 + P_3}{2 \times 3} \tag{2.10}$$

式（2.7）～式（2.10）在变压器故障诊断中会经常用到。

2.4 铁芯损耗

2.4.1 基础理论

铁芯的磁滞损耗和涡流损耗一起组成了空载损耗。空载电流流过一次绕组的损耗可以忽略，同时，在空载额定运行工况下，由于磁导率的巨大差异，大多数磁通都集中于铁芯，附近结构部件中产生的损耗也可忽略。这样，在特定频率下，铁芯被一个正弦电压源励磁反复磁化，产生了磁滞损耗和涡流损耗，即空载损耗主要是铁芯损耗，通常称为铁损。

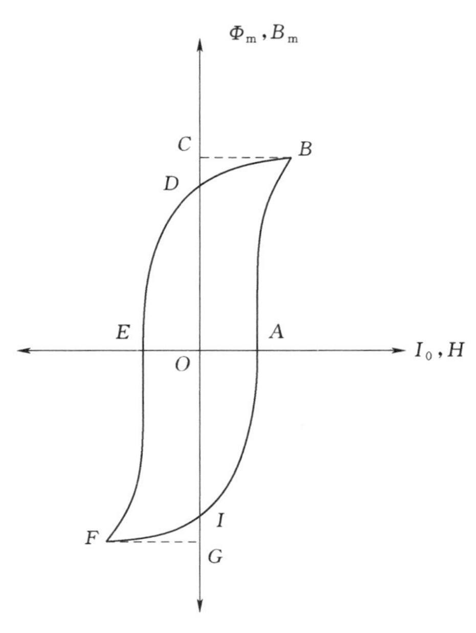

图 2.1 磁滞回线

涡流是由铁芯叠片中交变磁通的感应电压产生的，涡流损耗通常和叠片厚度的二次方、频率的二次方和磁通密度有效值（方均根值）的二次方成正比。

磁滞损耗和磁滞回线的面积成正比，典型的磁滞回线如图 2.1 所示。

设 $\dot{E}_0$、$\dot{I}_0$ 和 $\dot{\Phi}_0$ 分别表示感应电压、空载电流和铁芯磁通。由图 1.3 可知，$\dot{E}_0$ 超前 $\dot{\Phi}_0 90°$，$\dot{I}_0$ 超前 $\dot{\Phi}_0$ 角度 θ。

因此，提供给磁路或通过磁路返回的能量为

$$W=\int E_0 I_0 \mathrm{d}t=\int N\frac{\mathrm{d}\Phi_0}{\mathrm{d}t}I_0 \mathrm{d}t=\int NI_0 \mathrm{d}\Phi_0 \tag{2.11}$$

磁滞回线的第一象限部分，面积 $OABCDO$ 代表电源所提供的能量。对于路径 AB，感应电压和电流为正值。对于路径 BD，因为感应电压和电流这两个量符号相反，能量为负值，所以由面积 BCD 所代表的能量返回到电源。这样，面积 $OABDO$ 代表在第一象限的磁滞损耗。而面积 $ABDEFIA$ 代表一个周期内磁滞损耗的总和，可见磁滞损耗直接与频率成比例关系，频率越高，损耗越高。非正弦电流 $\dot{I}_0$ 可以分解成 $\dot{I}_m$ 和 $\dot{I}_\mu$ 两个分量。$\dot{I}_\mu$ 和 $\dot{E}$ 同相位，代表磁滞损耗，而 $\dot{I}_m$ 分量是非正弦磁化电流部分。通常涡流损耗 P_e 与磁滞损耗 P_h 的估算公式为

$$P_e=k_1 f^2 t^2 B_{rms}^2 \tag{2.12}$$

$$P_h=k_2 f B_m^n \tag{2.13}$$

式中 t——铁芯叠片的厚度，mm；

k_1，k_2——常数，受材料影响；

B_{rms}——额定有效磁通密度，对应于正弦波实际电压的方均根值；

B_m——磁通密度实际峰值；

n——Steinmetz 常数，热轧叠片为 1.6～2.0，冷轧叠片约为 2.0。

2.4.2 空载损耗计算

变压器在设计阶段估算空载损耗时，一般根据硅钢片的单位损耗（W/kg）、励磁容量（VA/kg）和接缝磁化容量（VA/cm²），结合铁芯的工艺系数和试验所获得的经验系数进行计算。表 2.2 为国产取向硅钢片的部分性能参数。

表 2.2　　国产取向硅钢片部分性能参数

磁通密度 /T	接缝单位面积磁化容量 /(VA·cm⁻²)	30Q120		30Q130	
		单位铁损 /(W·kg⁻¹)	励磁容量 /(VA·kg⁻¹)	单位铁损 /(W·kg⁻¹)	励磁容量 /(VA·kg⁻¹)
1.7	3.71	1.16	3.3	1.24	3.14
1.71	3.83	1.18	3.7	1.264	3.42
1.72	3.96	1.2	4.1	1.288	3.74
1.73	4.09	1.22	4.6	1.314	4.11
1.74	4.23	1.25	5.1	1.34	4.54
1.75	4.37	1.28	5.7	1.368	5.04

空载损耗计算公式为

$$P_0=K_1P_1G_{F1}+P_2(G_{F2}+G_0) \tag{2.14}$$

式中　K_1——附加损耗系数，与铁芯柱直径有关，对于高压电力变压器，通常取 1.15；

P_1，P_2——芯柱及铁轭的单位铁损，见表 2.2，W；

G_{F1}，G_{F2}——芯柱及铁轭的重量，kg；

G_0——角重量，kg。

2.5 励磁特性

2.5.1 励磁电流无功分量计算

变压器的励磁电流可以通过两种方法计算。

（1）将磁路按不同导磁率分段，每一段里的磁通密度都可以假设为常量，磁场强度 H 的相应值可由连接处的叠片材料（通过它的磁化曲线）和空气间隙获得，励磁电流为所有磁段 n 的总磁势除以励磁绕组的匝数 W。

$$I_0=\frac{\sum H_n l_n}{W} \tag{2.15}$$

式中　l_n——每个磁段的长度。

（2）工程应用中，励磁电流无功分量的计算公式则为

$$I_{0m}=K_0\frac{G_C G_F+G_J C A_F}{10S_e} \tag{2.16}$$

式中 K_0——附加损耗系数，对于电力变压器，通常取 1.3；

G_C——铁芯单位重量励磁容量，VA；

G_F——铁芯重量，kg；

G_J——铁芯接缝单位面积励磁容量，见表 2.2，VA；

C——铁芯接缝数；

A_F——铁芯有效截面积，cm^2；

S_e——变压器额定容量，kVA。

2.5.2 过励磁性能

铁芯的工作磁通密度对变压器整体尺寸、材料成本和性能有重大影响。对目前普遍应用于变压器铁芯的取向硅钢片，其饱和磁通密度约为 2.03T。其 $B-H$ 曲线斜率在 1.9T 之后明显加剧（即增加较小的磁通密度，导致磁化电流大幅增加）。因此，通常将 1.9T 定义为 $B-H$ 曲线的拐点。对于 $\alpha\%$ 的过励磁条件（过电压和低频率），可选择 $1.9/(1+\alpha\%)$ 的工作磁通密度峰值。对于 10% 的连续过励磁情况，B_{mp} 的上限为 1.73T。因此，对于普通的电力变压器（非低噪声电力变压器），在额定运行工况下其磁通密度通常为 1.73T。

2.6 合闸涌流

对应铁芯中的实际磁通密度，如果变压器都可在电压波形对应的时刻进行合闸，则合闸操作中不存在任何瞬变。实际应用中，以涌流形式存在的瞬变现象是不可避免的，特别是大容量、高电压等级的电力变压器，直流电阻试验后投入运行时，由于励磁涌流产生的电动力引起变压器油流继电器（重瓦斯）误动作导致变压器跳闸时有发生。其产生机理如下：

当分闸变压器时，磁滞曲线的励磁电流变为 0，而通过图 2.1（D 点）的磁滞回线可明显看出磁通密度值变化为一个非零值 B_r。对于剩磁磁通密度 $+B_r$，当电源电压为零时，变压器在合闸瞬间的最大涌流如图 2.2 所示。如果没有分闸变压器，励磁电流 i 和磁通密度如图 2.2 中虚线所示。根据磁链守恒原理，电感电路中的磁通不会突然发生变化，闭合开关后的磁通与闭合开关前的磁通一样。因此，磁通密度不是从负最大值开始（$-B_{mp}$），而是从 $+B_r$ 开始，直到达到正的峰值（B_r+2B_{mp}），使铁芯处于深度饱和状态。

根据上述分析可得

$$U_m\sin(\omega t+\theta)=I_0R_1+W_1\frac{d\Phi}{dt} \tag{2.17}$$

式中 U_m——施加电压峰值，V；

θ——初相位角；

I_0——励磁电流的瞬态值，A；

Φ——磁通，Wb；

R_1——一次绕组电阻，Ω；

W_1——一次绕组匝数。

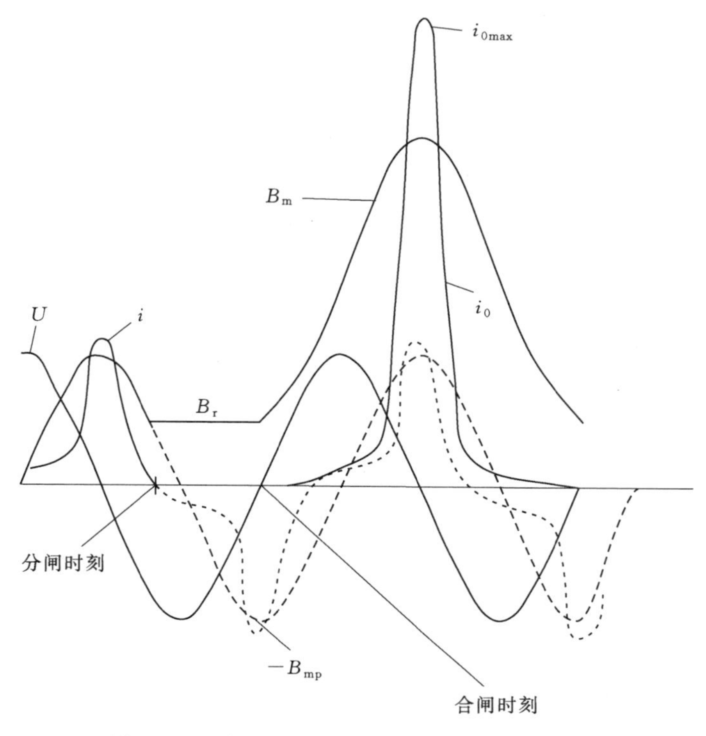

图 2.2 最大涌流出现时各物理量瞬时波形示意

假设铁芯电感呈现线性。当 $t=0$，可用 $\Phi=\pm\Phi_r$ 的起始条件计算 Φ，即

$$\Phi=\Phi_m\cos\theta\pm\Phi_r e^{-\frac{R_1}{L_1}t}-\Phi_m\cos(\omega t+\theta) \tag{2.18}$$

式中 Φ_m——磁通的峰值，Wb；

L_1——铁芯电感。

对于 $\theta=0$ 且剩磁为 $+\Phi_r$，磁通（磁通密度）的波形如图 2.3 所示。

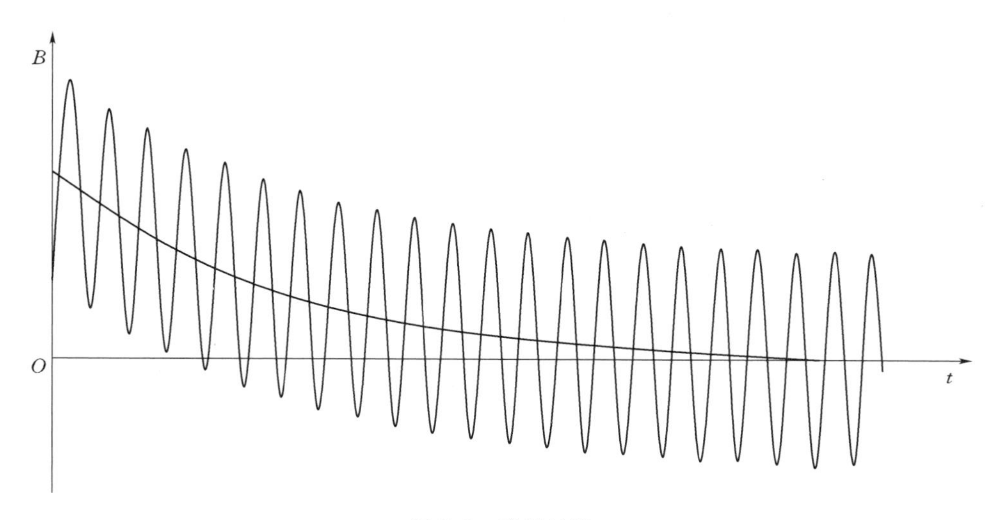

图 2.3 磁通波形

由式（2.18）可知，磁通波形有瞬态直流分量，并以一定的速率衰减，这个速率由一次绕组的时间常量（即 L_1/R_1）决定；并存在稳态交流分量，即 $-\Phi_m\cos(\omega t+\theta)$。对于在最不利的瞬间（电源电压波形过零）合闸的情况，其典型涌流波形如图2.4所示。涌流有很高的不对称性，具有很大的2次谐波分量，通常占到基波分量的15%～50%。

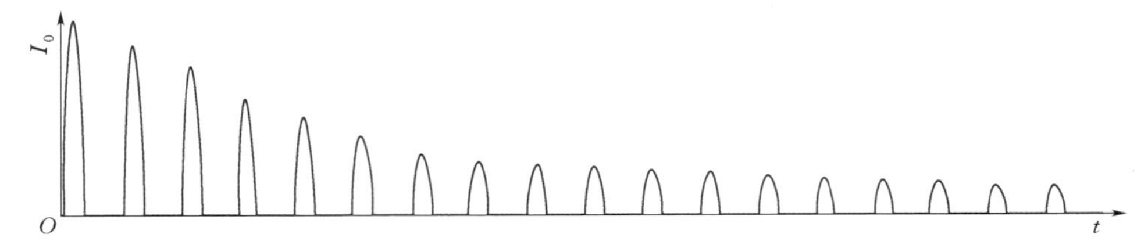

图2.4 电源、电质波形过零时合闸的典型的涌流波形

由于变压器的励磁电感 L_1 随磁通密度值发生变化，在最初的几个周期，铁芯处于深度饱和状态，所以 L_1 很小。因此涌流的初始衰减率很高。磁通密度下降时，L_1 增加，衰减率降低。如图2.4所示，衰减速率逐渐降低。高空载损耗率的变压器的涌流有更高的衰减率，因此，高压大容量变压器涌流衰减时间较长，更容易引起变压器保护误动作。

2.6.1 第一个峰值估算

对于2.03T的饱和磁通密度，大小为（$2.03A_c$）的磁通被约束在净截面积为 A_c 的铁芯中。剩磁溢出铁芯，并主要通过铁芯与绕组所占空间的非导磁路径返回。对于最不利的合闸时刻，非导磁路径通过的磁通 Φ_{air} 可表示为

$$\Phi_{air}=\mu_0 HA_w=2\Phi_m+\Phi_r-2.03A_c \tag{2.19}$$

式中 A_w——一个绕组线匝包围的平均面积，m^2；

H——磁场强度，A/m。

因此，对于单相变压器，励磁绕组的匝数为 W_1、高度为 h 的情况，根据安培环路定律，涌流的最大值（第一个峰值）I_{0max} 的计算公式为

$$I_{0max}=\frac{hH}{W_1} \tag{2.20}$$

所以

$$I_{0max}=\frac{hH}{W_1}=\frac{(2\Phi_m+\Phi_r-2.03A_c)h}{\mu_0 A_w W_1}=\frac{(2B_m+B_r-2.03)A_c h}{\mu_0 A_w W_1} \tag{2.21}$$

式中 A_w——励磁绕组平均半径内测所包围的面积；

B_m——铁芯饱和磁通密度；

B_r——铁芯剩磁。

通过式（2.21）可以对变压器在最不利相位角下合闸产生的最大涌流进行估算。

2.6.2 涌流的消除

铁芯饱和时，涌流受励磁绕组的空心电抗限制，因此它们通常低于短路电流峰值。由

于变压器在设计时已经考虑了抗短路能力，由涌流引起变压器励磁绕组机械变形的案例极少。

降低涌流的一个简单方法是通过一个合闸电阻来合闸变压器。另外，由式（2.21）可知，从高压侧进行合闸（通常为尺寸最大的绕组），可显著降低涌流。

第3章 电力变压器阻抗特性

短路阻抗是关系到变压器设计计算和安全经济运行的一个重要参数，其直接影响变压器的制造成本、效率、电压调整率、短路机械力大小、运行经济性等指标。从降低负载损耗和电压调整率、提高效率等方面考虑，短路阻抗应减小；从降低短路电流产生的机械力、增加变压器短路电流耐受能力、降低变压器中低压侧断路器遮断容量等方面考虑，短路阻抗应增大。当指定的短路阻抗值变化时，变压器的材料成本也随之变化。通过计算可知，当其他指定的性能数据保持不变，阻抗为一个特定值时，成本最低。材料成本最低时的阻抗值随变压器的容量和其他规格参数变化，阻抗值低于或高于优化值都将提高变压器材料成本。若阻抗较小，短路电流和短路力较大，需要较低的电流密度值而增加了铜材料用量。同时，较大的阻抗值增加了绕组中的涡流损耗和结构部件中的杂散损耗，从而导致较高的负载损耗和绕组、油温升，需增加导线截面、增大绕组油道、配置更多的冷却装备。因此，其大小选择应综合考虑。GB/T 6451—2015《油浸式电力变压器技术参数和要求》对额定容量为30kVA及以上，额定频率为50Hz，电压等级为6kV、10kV、35kV、66kV、110kV、220kV、330kV和500kV的三相油浸式电力变压器和电压等级为500kV的单相油浸式电力变压器的短路阻抗进行了规定。

变压器的短路阻抗包含电阻和电抗两个分量，由式（1.42）计算得到的变压器有效交流电阻远低于电抗，因此，短路电抗基本等于短路阻抗，本章介绍电抗分量。

3.1 同心式双绕组变压器的漏磁通计算

漏磁通可理解为一个芯柱上所有绕组磁势之和等于0的条件下形成的磁通。即所有二次侧绕组磁势与补偿所有二次侧去磁作用的那部分一次绕组磁势之和形成的漏磁通。假设变压器的每个芯柱上有 n 个绕组，其匝数分别为 W_1、W_2、…、W_n，对应的电流分别为 $\dot{I}_1$、$\dot{I}_2$、…、$\dot{I}_n$，W_1 为一次绕组，其余为二次绕组，可得

$$\dot{I}_1W_1-\dot{I}_2W_2-\cdots-\dot{I}_nW_n=\dot{I}_0W_1 \tag{3.1}$$

式中 $\dot{I}_0$——变压器一次绕组的励磁电流，A。

磁势 $\dot{I}_0W_1$ 建立变压器的主磁通，而平衡所有二次绕组磁势去磁作用的那部分一次绕组磁势为

$$\dot{I}_1-\dot{I}_0W_1=\dot{I}_1'W_1=\sum_2^n\dot{I}_nW_n \tag{3.2}$$

漏磁通是由一次绕组磁势分量 $\dot{I}_1'W_1$ 与二次侧绕组磁势之和 $\sum_2^n\dot{I}_nW_n$ 共同建立的，并且满足

$$\dot{I}_1'W_1-\sum_2^n\dot{I}_nW_n=0 \tag{3.3}$$

在不考虑空载漏磁通的情况下，建立漏磁通的所有绕组磁势的几何和始终等于 0。假设变压器绕组由两个同心布置的圆筒状 LV 绕组和 HV 绕组组成。因为流入这两个绕组的电流方向近似相反，所以，有下列磁势平衡等式：

$$\dot{I}_1W_1-\dot{I}_2W_2=0 \tag{3.4}$$

图 3.1 为 HV 绕组中部出线的情况下双绕组变压器的漏磁分布情况。

图 3.1 中的漏磁通可用一组等高平行磁力线来代替，如图 3.2（a）所示。

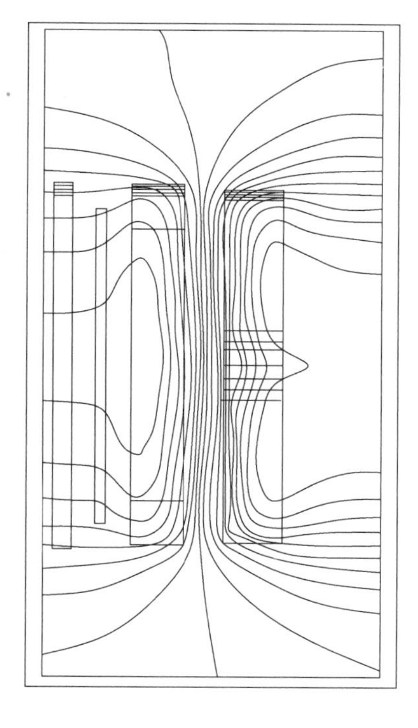

图 3.1　双绕组变压器漏磁分布

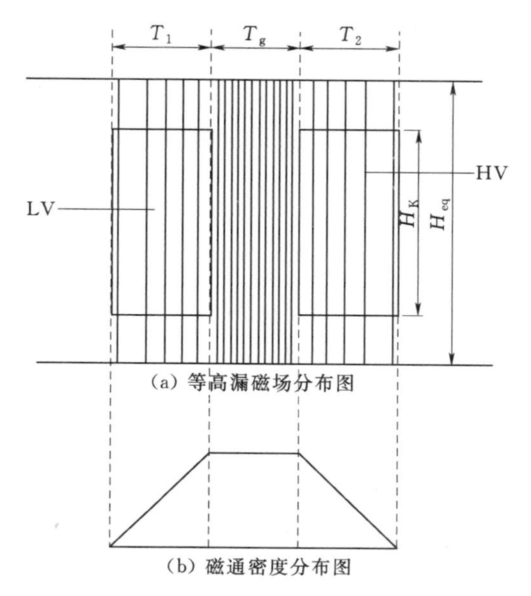

图 3.2　同心式双绕组变压器漏磁分布图

等效高度 H_{eq} 等于绕组电抗高度 H_K 除以洛氏系数 ρ，即

$$H_{eq}=\frac{H_K}{\rho} \tag{3.5}$$

穿过低压绕组和高压绕组横截面的漏磁势分布呈梯形，如图 3.2（b）所示。任一点的磁势决定于该点被磁力线所包围的安匝，与被围绕的安匝成线性，沿着低压绕组的内径到外径，从 0 增加到最大值。在两个绕组间主空道 T_g 中，因为任一点的磁力线都包含了整个低压（或高压）安匝，磁势为一常量。如前所述，由于高压绕组与低压绕组磁势方向相反，磁势开始沿着高压绕组的内径到外径呈线性减小，直至减为 0。由安培环路定律可知，磁通密度分布与磁势部分的形式一样。因此，对于到低压绕组内径距离为 x 的闭合磁力线，满足

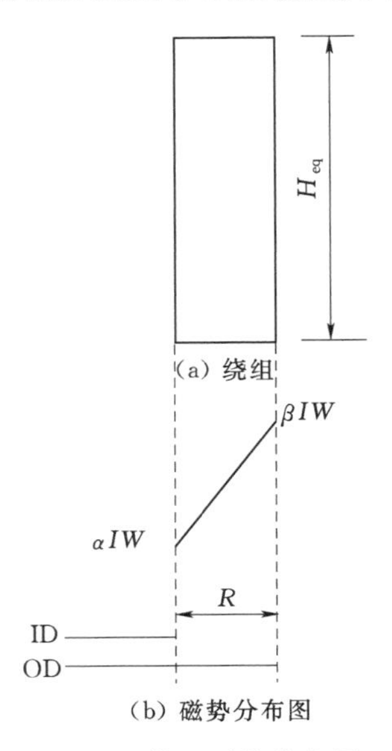

图 3.3 绕组磁势分布图

$$\frac{B_x}{\mu_0}H_{eq}=(IW)_x \tag{3.6}$$

或

$$B_x=\frac{\mu_0(IW)_x}{H_{eq}} \tag{3.7}$$

式中 $(IW)_x$——距低压绕组内径为 x 处的磁势。

现对辐向厚度为 R、等效高度为 H_{eq} 的绕组磁链的通用表达式进行推导。绕组内径和外径被磁力线包围的安匝分别为 αIW 和 βIW，如图 3.3（b）所示。

IW 为额定磁势，式（3.7）在绕组被间隙径向分离为不同部分时也是可用的。到磁通管内径距离为 x 的磁通密度的方均根值可通过式（3.7）推导得到

$$B_x=\frac{\mu_0}{H_{eq}}\left[\left(\alpha+\frac{\beta-\alpha}{R}x\right)IW\right] \tag{3.8}$$

则在 x 位置，宽度为 dx 的增量磁通管的磁链为

$$\mathrm{d}\psi=N_x\Phi_x=N_xB_xS \tag{3.9}$$

磁通管的面积 S 为

$$S=2\pi(ID+x)\mathrm{d}x \tag{3.10}$$

式（3.8）及式（3.10）代入到式（3.9）中，得到

$$\mathrm{d}\psi=\left[\left(\alpha+\frac{\beta-\alpha}{R}x\right)N\right]\left\{\frac{\mu_0}{H_{eq}}\left[\left(\alpha+\frac{\beta-\alpha}{R}x\right)IW\right]\right\}[2\pi(ID+x)\mathrm{d}x] \tag{3.11}$$

因此，磁通管的总磁链为

$$\psi=\int_0^R\mathrm{d}\psi=\frac{\mu_0 2\pi W^2 I}{H_{eq}}\int_0^R\left(\alpha+\frac{\beta-\alpha}{R}x\right)^2(ID+x)\mathrm{d}x \tag{3.12}$$

经过整理，可得

$$\psi=\frac{\mu_0 2\pi W^2 I}{H_{eq}}\frac{R}{3}\left[(\alpha^2+\alpha\beta+\alpha^2)ID+\frac{(\alpha^2+\alpha\beta+\beta^2)3R}{4}-\frac{2\alpha^2+\alpha\beta}{4}R\right] \tag{3.13}$$

通常对于工程应用，可忽略中括号内的最后一项，式（3.13）可简化为

$$\psi=\frac{\mu_0 2\pi W^2 I}{H_{eq}}\frac{R}{3}(\alpha^2+\alpha\beta+\beta^2)\left(ID+\frac{3R}{4}\right) \tag{3.14}$$

对于一般的变压器绕组，与绕组半径相比，绕组间隙和绕组辐向厚度相对值较低，$ID+\frac{3R}{4}$项可近似等于磁通管的平均半径 D_m，即

$$\psi=\frac{\mu_0 2\pi W^2 I}{H_{eq}}\frac{R}{3}(\alpha^2+\alpha\beta+\beta^2)D_m \tag{3.15}$$

现在，设 D_{eq} 为等效漏磁面积，即

$$D_{eq}=\frac{R}{3}(\alpha^2+\alpha\beta+\beta^2)D_m \tag{3.16}$$

则有 n 个磁通管变压器的漏电感为

$$L=\frac{\sum_{k=1}^{n}\psi}{I}=\frac{\mu_0 2\pi W^2}{H_{eq}}\sum_{k=1}^{n}D_{eq} \tag{3.17}$$

将真空磁导率 $\mu_0=4\pi\times10^{-7}$ 代入到式（3.17）中并计算整理常量，若 H_{eq} 的单位为 cm，$\sum D_{eq}$ 的单位为 cm^2，可以得到

$$x_K=\omega L=\frac{49.6fW^2\sum_{k=1}^{n}D_{eq}}{H_{eq}}\times10^{-8} \tag{3.18}$$

电抗标幺值可表示为

$$x_K\%=\frac{Ix_K}{U_N}=\frac{49.6fIW\sum_{k=1}^{n}D_{eq}}{e_t H_{eq}\times10^6}\% \tag{3.19}$$

式中 U_N——变压器额定电压，V；

e_t——变压器绕组匝电压，V。

对于图 3.2（a）所示双绕组变压器，低压绕组的常量 α 和 β 分别为 0 和 1，间隙的常量 α 和 β 分别为 1 和 1，高压绕组的常量 α 和 β 分别为 1 和 0。如果 D_1、D_g 和 D_2 为平均半径，T_1、T_g 和 T_2 分别为低压绕组、间隙和高压绕组的径向尺寸，由式（3.16）可得到等效漏磁面积表达式为

$$\sum D_{eq}=\frac{1}{3}(T_1D_1)+(T_gD_g)+\frac{1}{3}(T_2D_2) \tag{3.20}$$

由式（3.5）、式（3.18）与式（3.19）可得同心式双绕组变压器短路电抗以及短路电抗标幺值的常用表达式为

$$x_K=\frac{49.6fW^2\sum D_{eq}\rho}{H_K\times10^8} \tag{3.21}$$

$$x_K\%=\frac{49.6fIW\sum_{k=1}^{n}D_{eq}\rho}{e_t H_K\times10^6}\% \tag{3.22}$$

式中 H_K——绕组电抗高度，即短路电抗计算时线圈的电气高度。

对于连续式、纠结式及内屏连续式线圈，电抗高度即为线圈高度；对于螺旋式线圈，电抗高度等于线圈高度减去一匝的几何高度（一匝绝缘导线高度和包含的油道高度）。洛氏系数 ρ 的计算式为

$$\rho=1-\frac{1-\dfrac{e^{-\pi}H_K}{T_1+T_g+T_2}}{\dfrac{\pi H_K}{T_1+T_g+T_2}} \tag{3.23}$$

3.2 多绕组变压器漏磁计算的解析法

3.1 节的漏磁组法是变压器漏电抗计算的基础，任何复杂回路的变压器阻抗电压计算最终都归结为各绕组对间漏电抗计算。在实际工作过程中，经常碰到多绕组变压器，如高压带调压绕组的双绕组变压器，具有高压、中压、低压三个绕组的电力变压器等，这时，应用 3.1 节的漏磁组法计算较为复杂，而解析法则比较直观。

如 3.1 节所述，在忽略空载励磁电流的情况下，假设高低压绕组各由任意个绕组串联组成，用奇数表示一次侧各串联绕组，偶数表示二次侧各串联绕组。绕组实际匝数分别为 W_1、W_2、…、W_n。

由于一次、二次绕组串联，所示各对应绕组的电流相等，即

$$\dot{I}_1=\dot{I}_3=\cdots=\dot{I}_{n-1} \tag{3.24}$$

$$\dot{I}_2=\dot{I}_4=\cdots=\dot{I}_n \tag{3.25}$$

将各绕组实际电流折算至同一匝数 W，k_1、k_2、…、k_n 为绕组实际匝数与同一匝数 W 之比。

$$\dot{I}_1W_1=\dot{I}'_1W \tag{3.26}$$

$$\dot{I}_1=\dot{I}'_1\frac{W}{W_1}=\frac{\dot{I}'_1}{k_1} \tag{3.27}$$

从而可得

$$\frac{\dot{I}'_1}{k_1}=\frac{\dot{I}'_3}{k_3}=\cdots=\frac{\dot{I}'_{n-1}}{k_{n-1}} \tag{3.28}$$

$$\frac{\dot{I}'_2}{k_2}=\frac{\dot{I}'_4}{k_4}=\cdots=\frac{\dot{I}'_n}{k_n} \tag{3.29}$$

由磁势平衡关系可知

$$\dot{I}'_1+\dot{I}'_3+\cdots+\dot{I}'_{n-1}=\dot{I}'_2+\dot{I}'_4+\cdots+\dot{I}'_n \tag{3.30}$$

对于一次侧有

$$\dot{I}'_3=\dot{I}'_1\frac{k_3}{k_1} \tag{3.31}$$

$$\dot{I}'_5=\dot{I}'_1\frac{k_5}{k_1} \tag{3.32}$$

对于二次侧有

$$\dot{I}'_2=\dot{I}'_1\frac{k_2}{k_1}K \tag{3.33}$$

$$\dot{I}'_4=\dot{I}'_1\frac{k_4}{k_1}K \tag{3.34}$$

$$K=\frac{k_1+k_3+\cdots+k_{n-1}}{k_2+k_4+\cdots+k_n} \tag{3.35}$$

由于所有绕组的实际匝数，均已折合到同一匝数，因此 K 值实际上为一次侧各绕组匝数与二次侧匝数的比值，即变压器的电压比（假定一次侧绕组匝数大于二次侧各绕组）。

两侧绕组的两个电压方程式分别为

$$k_2U'_2+k_4U'_4+k_6U'_6+\cdots=0 \tag{3.36}$$

$$k_1U'_1+k_3U'_3+k_5U'_5+\cdots=U \tag{3.37}$$

若将绕组 1 视为一次侧，则根据多绕组变压器一般理论中绕组间电压降公式可分别写出奇数侧和偶数侧电压方程，经整理后可得绕组 1 的通用漏电抗计算公式为

$$x_K=\frac{U}{I}[K(k_2A_2+k_4A_4+\cdots)-(k_3A_3+k_5A_5+\cdots)] \tag{3.38}$$

其中　$A_2=k_2Kx_{K12}-k_3x_{123}+k_4Kx_{124}-\cdots$，$A_3=k_2Kx_{132}-k_3x_{K13}+k_4Kx_{134}-\cdots$

$A_4=k_2Kx_{142}-k_3x_{143}+k_4Kx_{134}-\cdots$，$A_5=k_2Kx_{152}-k_3x_{153}+k_4Kx_{154}-\cdots$

式中 x_K 以式（3.21）计算时，x_K 为欧姆值；以式（3.22）计算时，x_K 为百分数。

解析法几乎能够解决任何复杂绕组连接方式的电抗计算问题，包括绕组并联运行的情况，不论绕组空间排列位置，其电抗计算公式不变。

3.3　多绕组变压器漏磁计算的功率法

应用功率法可以求出单台变压器复杂线圈的有效电阻、感抗和全阻抗，或求出联合运行的几台变压器的等效阻抗。计算复杂变压器回路的阻抗简化为对各简单线圈的阻抗由解析法进行计算。

对于如图 3.4 所示的单相多线圈变压器，这些线圈均可以作为双线圈变压器复杂线圈的组成部分，如上节所述，全部线圈的匝数均归算到同一匝数。

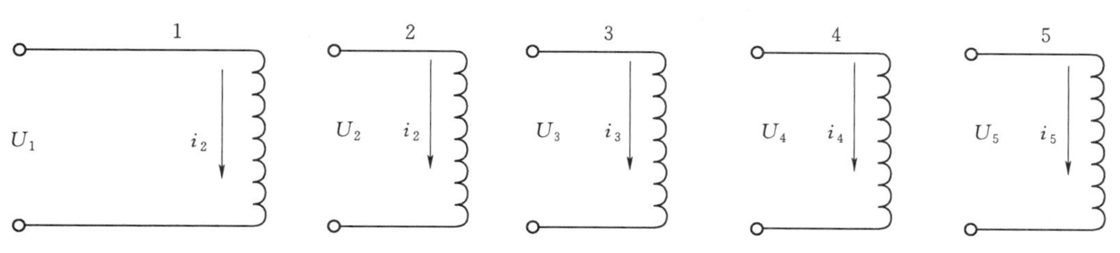

图 3.4　多绕组变压器同一个芯柱的线圈

用来建立变压器漏磁场的能量为

$$W=\frac{1}{2}L_1i_1^2+\frac{1}{2}L_2i_2^2+\cdots+M_{12}i_1i_2+M_{13}i_1i_3+\cdots \tag{3.39}$$

式中 L_1，L_2，…——线圈自感；

M_{12}，M_{13}，…——线圈之间的互感。

由磁势平衡方程可得

$$i_1+i_2+i_3+\cdots i_n=0 \tag{3.40}$$

式（3.39）中电流为瞬时值。利用式（3.40）的电流关系，可将 i_n^2 改写为 $i_n(-i_1-\cdots-i_{n-1}-i_{n+1}-\cdots)$，则式（3.39）可表示为

$$W=-\frac{1}{4}\sum_j^n\sum_k^n i_ji_k(L_j+L_k-2M_{jk}) \tag{3.41}$$

电磁场能量的最大值为

$$W_{\mathrm{m}}=-\frac{1}{2}\sum_j^n\sum_k^n \dot{I}_j\dot{I}_k(L_j+L_k-2M_{jk}) \tag{3.42}$$

式（3.42）中的电流为有效值。

无功功率等于最大能量与角频率的乘积，将式（3.42）乘以角频率，并应用符号法，可得出建立变压器漏磁场所消耗的无功功率为

$$\begin{aligned}Q=\omega W_{\mathrm{m}}&=-\frac{1}{2}\sum_j^n\sum_k^n \dot{I}_j\overset{*}{\dot{I}}_k(x_j+x_k-2x_{jk})\\&=-\frac{1}{2}\sum_j^n\sum_k^n \dot{I}_j\overset{*}{\dot{I}}_kx_{jk}\end{aligned} \tag{3.43}$$

式中 $\dot{I}_j$——复数电流；

$\overset{*}{\dot{I}}_k$——复数电流共轭值。

式（3.43）中 $x_j+x_k-2x_{jk}$ 即为一对绕组间的漏电感。

若以电流为 $\dot{I}_1$ 为参考绕组，则 $\dot{I}_1$ 侧绕组的等效漏电抗 x_{K} 为

$$x_{\mathrm{K}}=\frac{Q}{\dot{I}_1^2} \tag{3.44}$$

若电流和电抗均以标幺值表示，则 Q 即为电抗标幺值。

大多数情况下，同一芯柱的线圈的电流或者认为是同相位的、或者认为是反相位的，则式（3.44）中电流的复数值可由其有效值来替代。当电流反相位时，其乘积为负值，无功功率为正；当电流同相位时，其乘积为正，无功功率为负。

3.4 零序电抗

对称分量法通常用于电力系统分析。不同于旋转电机，变压器中的正序电抗和负序电抗是相同的，在对称负载情况下，只需要考虑正序电抗。当出现不对称负载或单相故障时，故障电流主要取决于合成网络中的零序电抗。随着磁路和绕组连接类型的不同，变压

器的零序电抗差别很大。

三角形连接绕组端子因为零序电流没有回路不能流过，其零序电抗是无限大的。零序电抗试验实际是在三相与地之间测得容抗。

星形联结绕组的零序电抗（对于三相电力系统，各个序阻抗均为一相的值），在绕组短路线端子与中性点之间施加电压，有接地中性点的星形连接绕组的零序电抗为

$$X_0=\frac{U}{I/3}=3\frac{U}{I} \tag{3.45}$$

开路零序电抗测试时，其他所有绕组端子保持开路；短路零序电抗测试时，其他绕组的端子只有一个短路。

变压器零序电抗对单相接地故障电流大小有直接的影响，绕组中性点连接方式、是否有三角形连接的第三绕组，对变压器绕组机械状态的诊断非常重要。

3.4.1 无三角形联结绕组的开路零序电抗

3.4.1.1 三相三柱变压器

对于三相三柱变压器，因为三柱中的零序磁通都是同一个方向，它们必须通过非铁芯路径返回。因此油箱作为一个等效的三角形绕组，开路零序电抗即为油箱与励磁绕组间的电抗。通常励磁绕组到油箱间的距离远大于低压绕组与高压绕组间的距离，因此开路零序电抗远高于短路正序电抗（即漏电抗），但它远低于该励磁电抗。油箱为零序磁通提供了较低磁阻的回路，在增加电抗的同时，由于油箱等效于三相绕组形成的一个短路闭合回路而降低了电抗，通常后者的影响占主要部分，因此带有油箱的零序电抗低于没有油箱的零序电抗。

励磁绕组与油箱间电抗可用式（3.19）进行计算。油箱可表示为一个等效辐向宽度为0的绕组。绕组到油箱的距离可视为等效距离，这个等效距离近似于它们之间的空间范围，可得

$$x_{K0}\%=49.6\times10^{-6}\frac{fIW}{e_t H_K}\rho\left(\frac{1}{3}T_w D_w+T_g D_g\right)\% \tag{3.46}$$

式中 T_w——励磁绕组的辐向尺寸，cm；

D_w——励磁绕组的平均半径，cm；

T_g——励磁绕组与油箱间的距离，cm；

D_g——励磁绕组与油箱距离的平均半径，cm。

3.4.1.2 三相五柱和单相三柱变压器

在三相五柱变压器中，零序磁通穿过铁芯旁轭及旁柱形成回路，因此，通常开路零序电抗接近开路正序电抗。若施加的零序电压接近励磁绕组的额定值，则旁轭和旁柱磁通将完全饱和，此时的开路零序电抗值接近于三相三柱结构。

对于单相三柱变压器，因为零序磁通通过铁芯旁柱形成回路，零序电抗等于空载正序电抗。因此对于由三台单相变压器所构成的三相变压器组，其零序特性通常与正序特性相同。

3.4.2 三角形联结绕组的零序电抗

有三角形联结的二次绕组，零序电流通过闭合的三角形循环，这样，不管绕组是否带有负载，对于零序回路，变压器相当于短路。

3.4.2.1 三相三柱变压器

当零序电压施加到星形联结绕组时，零序电流流经三角形联结绕组，油箱相当于一个等效的短路绕组。为了估算这两个绕组间的电流分配及零序电抗，将星形联结的一次绕组、三角形联结的二次绕组和等效为三角形联结的油箱分别用1、2、3来表示，应用式（3.43）进行计算。

假设施加的零序电压的幅值使流经一次绕组中的电流 I_1 大小为额定值，即 I_1 的标幺值为1，则可得

$$\dot{I}_1=\dot{I}_2+\dot{I}_3=1 \tag{3.47}$$

由于 $\dot{I}_1$ 的方向与 $\dot{I}_2$、$\dot{I}_3$ 相反，因此可得到零序电抗的标幺值为

$$x_{K0}=Q=-\frac{1}{2}[2x_{K12}I_1(-I_2)+2x_{K23}(-I_2)(-I_3)+2x_{K13}I_1(-I_3)] \tag{3.48}$$

根据式（3.47），可得

$$Q=x_{K12}I_2-x_{K23}I_2(1-I_2)+x_{K13}(1-I_2) \tag{3.49}$$

绕组中电流分配方式是使总能量最小化，因此，Q 对 I_2 求导，令其导数为0，可得

$$I_2=\frac{x_{K13}+x_{K23}-x_{K12}}{2x_{K23}} \tag{3.50}$$

I_2 的值代入式（3.47）中，可得 I_3，即

$$I_3=\frac{x_{K23}+x_{K12}-x_{K13}}{2x_{K23}} \tag{3.51}$$

如果三角形联结绕组2为外部绕组，则有

$$x_{K13}\approx x_{K12}+x_{K23} \tag{3.52}$$

将 x_{K13} 的表达式代入到式（3.50）及式（3.51）中，可得

$$I_2\approx 1,I_3\approx 0 \tag{3.53}$$

将 I_2 和 I_3 的值代入式（3.48）中，可得出零序电抗的标幺值为

$$x_{K0}=Q\approx x_{K12} \tag{3.54}$$

即外部三角形联结绕组的零序电抗基本等于短路正序电抗 X_{12}，因为外部三角形联结绕组屏蔽了油箱。

如果三角形联结绕组2为内部绕组，则有

$$x_{K23}\approx x_{K21}+x_{K13} \tag{3.55}$$

将 x_{K23} 的表达式代入到式（3.50）及式（3.51）中，可得

$$I_2\approx\frac{x_{13}}{x_{23}},I_3\approx\frac{x_{12}}{x_{23}} \tag{3.56}$$

将 I_2 和 I_3 代入到式（3.48），可得

$$x_{K0}=Q\approx\frac{x_{K13}}{x_{K23}}x_{K12} \tag{3.57}$$

由于外部星形联结绕组 1 更接近于油箱，$x_{23}>x_{13}$，$x_{K0}<x_{K12}$，即内部三角形联结绕组的零序电抗通常小于短路正序电抗。因此，有效接地的电力系统发生单相接地故障时，零序电流的大小主要由电力变压器接地的中性点数量确定，若所有变压器的中性点均接地，由式（3.49）可知，故障情况下零序电流将大于正序电流，从而导致单相接地故障电流大于三相短路电流。通常，电力运营部门会将一部分变压器中性点不接地运行，用以降低单相接地故障电流。这时，发生单相接地故障时，虽然有油箱作为等效三角形绕组进行分流，但中性点接地的变压器三角形绕组仍存在机械变形的风险。

3.4.2.2 三相五柱和单相三柱变压器

对于三相五柱变压器，零序电抗的值等于绕组间的短路正序电抗，直到施加的电压使铁芯旁轭和旁柱的磁通饱和。有效接地系统发生单相接地故障时，常常会导致内部三角形联结绕组发生机械变形。

对于单相三柱变压器，零序电抗等于星形和三角形联结绕组间的短路正序电抗。

3.5 稳定绕组

变压器除了一次绕组和二次绕组，很多时候还提供一个附加三角形联结的第三绕组，即稳定绕组，它可用于以下目的：

（1）接入低压无功补偿装置，调节系统电压。

（2）作为站用变高压侧的电源。

（3）用于施加绝缘试验的电源。

不引出的三角形联结绕组可起到如下稳定作用：

（1）由于铁芯励磁特性的非线性特征，流经闭合三角形中的 3 次谐波励磁电流，使得感应电压和铁芯磁通成正弦波。

（2）稳定变压器绕组的中性点。较低的零序阻抗，可带较大不平衡负载，而不至于产生过度不平衡的相电压。极端情况下，对于单相负载，应用对称分量法，可知正序、负序和零序电流相同，第三绕组的每一相负载负载电流均为单相负载的 1/3。因此，稳定绕组的额定容量通常按主绕组额定容量的 1/3 选取。

（3）阻止由 3 次谐波电流导致的对通信线路和接地电路的干扰。

第 4 章 电力变压器短路过程

4.1 短路过程的一般特征

按照 GB 1094.5—2008《电力变压器　第 5 部分：承受短路的能力》要求，变压器及其组件和附件应设计制造成能在规定条件下承受外部短路的热和动稳定效应而无损伤。外部短路包括三相短路、相间短路、两相接地和相对地故障。

从绕组过热角度分析，因为电流的急剧增大，引起绝缘纸（板）迅速老化。另外，从机械力方面分析，由于短路电流电动力的作用，在绕组中有时产生非常大的短路力。短路电流电动力冲击导致的绕组变形损坏是变压器主要故障类型。

变压器的短路问题主要包括短路电流计算、电动力计算和热稳定计算三方面内容。

4.2 短路电流计算

以单相变压器短路为例进行说明。用 u_1 表示一次电压的瞬时值；i_1、i_2 表示折合到相同匝数的一次和二次电流的瞬时值；L_1、L_2 表示一次和二次绕组的电感；M 示绕组间的互感；R_1、R_2 表示一次和二次绕组的电阻值。

变压器在短路状态下，满足下列方程式：

$$u_1 - L_1\frac{\mathrm{d}i_1}{\mathrm{d}t} - M\frac{\mathrm{d}i_2}{\mathrm{d}t} - i_1R_1 = 0 \tag{4.1}$$

$$L_2\frac{\mathrm{d}i_2}{\mathrm{d}t} + M\frac{\mathrm{d}i_1}{\mathrm{d}t} + i_2R_2 = 0 \tag{4.2}$$

在忽略励磁电流的情况下，变压器绕组一次电流与折算至一次绕组的二次电流在时间相位上完全相同，在空间相位上方向相反。以一次电流为参考方向，可得

$$i_1 = -i_2 \tag{4.3}$$

将式（4.1）和式（4.2）相加并利用式（4.3）消去电流 i_2 后，可得

$$u_1-(L_1+L_2-2M)\frac{di_1}{dt}-i_1(R_1+R_2)=0 \tag{4.4}$$

其中

$$L_1+L_2-2M=L_K \tag{4.5}$$

$$R_1+R_2=R_K \tag{4.6}$$

式中 L_K，R_K——变压器的短路电感和电阻。

将式（4.5）和式（4.6）代入式（4.4）即可得到简便的表达式为

$$u_1-L_K\frac{di_1}{dt}-i_1R_K=0 \tag{4.7}$$

由式（4.7）可知，变压器的短路过程与将扼流圈接到交流电压上的物理过程相同。

线性微分方程（4.7）的解是由两部分电流之和组成的，即

$$i_1=i_K=i_y+i_c \tag{4.8}$$

式中 i_y——稳态的短路电流，A；

i_c——过渡状态的自由分量电流，A。

假定一次电压按正弦形变化，即

$$u_1=U_m\sin(\omega t+\theta) \tag{4.9}$$

式中 θ——短路时刻（$t=0$）电压的瞬时值。

变压器稳态电流同样为正弦函数并满足：

$$i_y=\frac{U_m}{\sqrt{R_K^2+L_K^2\omega^2}}\sin(\omega t+\theta-\varphi_K)=I_y\sin(\omega t+\theta-\varphi_K) \tag{4.10}$$

其中

$$\varphi_K=\arctan\frac{\omega L_K}{R_K}$$

且满足：

$$Z_K=\sqrt{R_K^2+L_K^2\omega^2}$$

过渡过程中的自由分量电流计算公式为

$$L_K\frac{di_c}{dt}+i_cR_K=0 \tag{4.11}$$

解此方程，可得

$$i_c=i_{c0}e^{-\frac{R_K}{L_K}t} \tag{4.12}$$

式中 i_{c0}——当 $t=0$ 时，自由分量电流的数值。

假设在短路时刻，变压器流过的负载电流为 i_1，此电流落后电压的角度为 φ，则有

$$i_1=I_1\sin(\omega t+\theta-\varphi) \tag{4.13}$$

于是，根据式（4.8），当 $t=0$ 时，满足：

$$i_{y0}+i_{c0}=I_1\sin(\theta-\varphi)$$

又由于

$$i_{y0}=I_y\sin(\theta-\varphi_K)$$

可得

$$i_{c0}=I_1\sin(\theta-\varphi)-I_y\sin(\theta-\varphi_K) \tag{4.14}$$

根据式（4.12）和式（4.14），自由分量电流为

$$i_c=[I_1\sin(\theta-\varphi)-I_y\sin(\theta-\varphi_K)]e^{-\frac{R_K}{L_K}t} \tag{4.15}$$

由式（4.18）、式（4.10）和式（4.15），可得到总的短路电流为

$$i_K=I_y\sin(\omega t+\theta-\varphi_K)+[I_1\sin(\theta-\varphi)-I_y\sin(\theta-\varphi_K)]e^{-\frac{R_K}{L_K}t} \tag{4.16}$$

在特殊情况下，如果短路发生在空载状态时，那么 $I_1=0$，由式（4.16）可得

$$i_K=I_y\sin(\omega t+\theta-\varphi_K)-I_y e^{-\frac{R_K}{L_K}t}\sin(\theta-\varphi_K) \tag{4.17}$$

由式（4.16）和式（4.17）可看出，短路电流是由稳态的正弦短路电流和按指数衰减的直流自由分量电流合成的。自由分量电流衰减的速度取决于 R_K 和 L_K 的比值，$\frac{R_K}{L_K}=\frac{\omega R_K}{X_K}$，在小型变压器中，当 $f=50\text{Hz}$ 时，比值$\frac{R_K}{X_K}\approx\frac{1}{2}$，在大型变压器中，$\frac{R_K}{X_K}=\frac{1}{10}\sim\frac{1}{40}$，因此，根据变压器的容量不同，有

$$\frac{R_K}{L_K}\approx150\sim10$$

对于指数函数 $e^{-\frac{t}{T}}$，当 $t=3T$ 时，其值已衰减到零，由于时间常数 $\tau=\frac{L_K}{R_K}$，故

$$t=3\tau=\frac{3}{150}\sim\frac{3}{10}=0.02\sim0.3(\text{s})$$

因此，对于小型变压器，短路电流中的自由分量电流在交流电流一个周波内几乎完全消失；在大型变压器中，需要10～15个周波才能消失。尽管自由分量电流存在的时间短暂，然而它能显著增大短路电流的第一个峰值，从而增大绕组的机械力。短路电流随时间变化特点如图4.1所示。

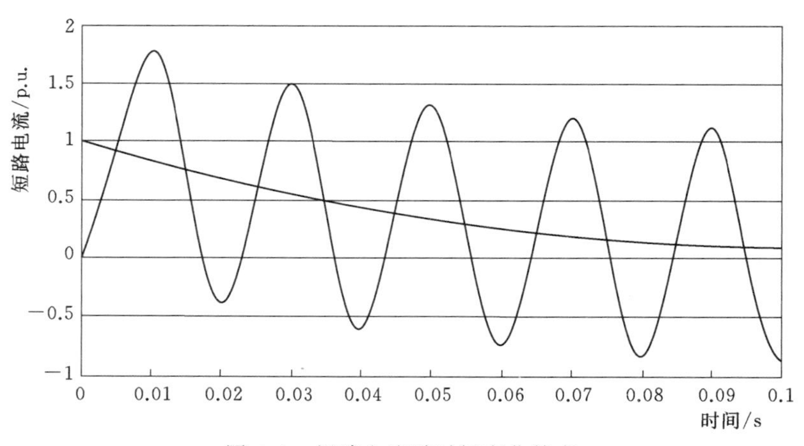

图4.1 短路电流随时间变化特点

对于自由分量电流对短路电流最大瞬时值的影响，可进一步分析式（4.17）。

当 $\theta=\varphi_K$ 时，$\sin(\theta-\varphi_K)=0$，此时不产生自由分量电流。这种最有利的情况对应于短路瞬间发生时的电压，即

$$u_1=U_m\sin\varphi_K$$

因为 φ_K 角通常接近 90°，所以如果短路时刻发生在电压经过峰值时，那么此时自由分量电流是偏小的。

同时，由式（4.17）将得到自由分量电流最大值的条件，即当 $\theta-\varphi_K=\frac{\pi}{2}$ 或者 $\theta=\frac{\pi}{2}+\varphi_K$ 时，可产生自由分量电流的最大值。因为在此条件下，$\sin(\theta-\varphi_K)=1$。此时式（4.17）将为

$$i_K=I_y\sin(\omega t+\frac{\pi}{2})-I_y e^{-\frac{R_K}{L_K}t}$$

当 $\omega t=\pi$ 或 $t=\frac{\pi}{\omega}$ 时，则有

$$i_{Km}=-I_y-I_y e^{-\frac{R_K}{L_K}\frac{\pi}{\omega}}=-I_y(1+e^{-\frac{\pi R_K}{X_K}})=-I_yK \tag{4.18}$$

可以近似地认为由式（4.18）确定的电流 i_{Km} 等于短路电流的最大瞬时值。非对称系数 $K=\frac{i_{Km}}{I_y}=1+e^{-\frac{\pi R_K}{X_K}}$，其物理意义为短路电流的最大瞬时值与短路电流稳定峰值的倍数关系。

电力系统中，三相变压器或由单相组成的三相变压器发生的短路事故中，均可利用对称分量法得到稳态短路电流有效值的表达式。

对于单相对地短路，有

$$\dot{I}_K^{(1)}=\frac{3\dot{U}_\Phi}{Z_1+Z_2+Z_0} \tag{4.19}$$

式中　Z_1，Z_2，Z_0——正序阻抗、负序阻抗和零序阻抗。

对于两相短路，有

$$\dot{I}_K^{(2)}=\frac{\sqrt{3}\dot{U}_\Phi}{Z_1+Z_2} \tag{4.20}$$

对于两相短路接地，有

$$\dot{I}_K^{(1.1)}=\sqrt{1-\frac{Z_2Z_0}{(Z_2+Z_0)^2}}\times\frac{\sqrt{3}\dot{U}_\Phi}{Z_1+\frac{Z_2Z_0}{Z_2+Z_0}} \tag{4.21}$$

对于三相对称短路，有

$$\dot{I}_K^{(3)}=\frac{\dot{U}_\Phi}{Z_1} \tag{4.22}$$

对于变压器而言，其正序阻抗和负序阻抗相等并且等于变压器的短路阻抗，即

$$Z_1=Z_2=Z_K$$

由式（4.19）～式（4.22）可知，若 $Z_0<Z_K$，则单相对地短路电流最大；若 $Z_0>Z_K$，则三相对称短路电流最大。一般短路电流计算取正序阻抗和零序阻抗相等。因此，式（4.22）可表示为

$$I_K^{(3)}=\frac{\dot{U}_\Phi}{Z_K} \tag{4.23}$$

若短路阻抗的标幺值为 $Z_K\%$，则式（4.23）可表示为

$$I_K^{(3)}=\frac{\dot{I}_\Phi}{Z_K\%} \tag{4.24}$$

式中 $\dot{I}_\Phi$——变压器额定相电流。

因此，有

$$I_y=\sqrt{2}I_\Phi\frac{100}{Z_K} \tag{4.25}$$

$$i_{km}=K\sqrt{2}I_\Phi\frac{100}{Z_K} \tag{4.26}$$

因为对于小型变压器，$Z_K\%\approx5\%$，非对称系数 $K\approx1.25$，所以根据式（4.26）可有

$$\frac{i_{km}}{I_\Phi}\approx\frac{1.25\times\sqrt{2}\times100}{5}\approx35$$

对于大容量变压器，$Z_K\approx10\%$，非对称系数 $K\approx1.8$，有

$$\frac{i_{km}}{I_\Phi}\approx\frac{1.8\times\sqrt{2}\times100}{10}\approx25$$

上述计算表明，短路电流的最大瞬时值可以达到非常大的数值，此值可超过额定电流的几十倍。

4.3 短路电动力的一般特性

4.3.1 短路电动力的方向

计算电动力的基本方程为

$$\dot{F}=I\dot{L}\times\dot{B} \tag{4.27}$$

式中 $\dot{L}$——绕组长度矢量。

假设 z 向为电流密度，则任一点的漏磁密度都可分解为辐向分量 B_x 和轴向分量 B_y。由式（4.27）可知，轴向漏磁产生辐向力，辐向漏磁产生轴向力，如图4.2所示。

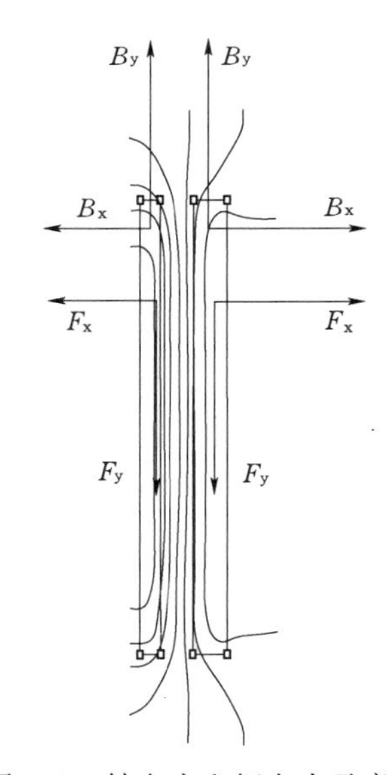

图4.2 轴向力和辐向力示意图

对于实际绕组，由轴向漏磁产生的辐向力如图4.3和图4.4所示。

由图4.3和图4.4可知，对于一对绕组，内侧绕组受到辐向压缩力，导致绕组向内收缩和线匝收紧；外侧绕组受到向外的张力，导致绕组向外扩张和线匝松散。

对于实际绕组，由辐向漏磁产生的轴向力如图4.5所示。

由图4.4可知，轴向绕组端部辐向漏磁产生对内侧、

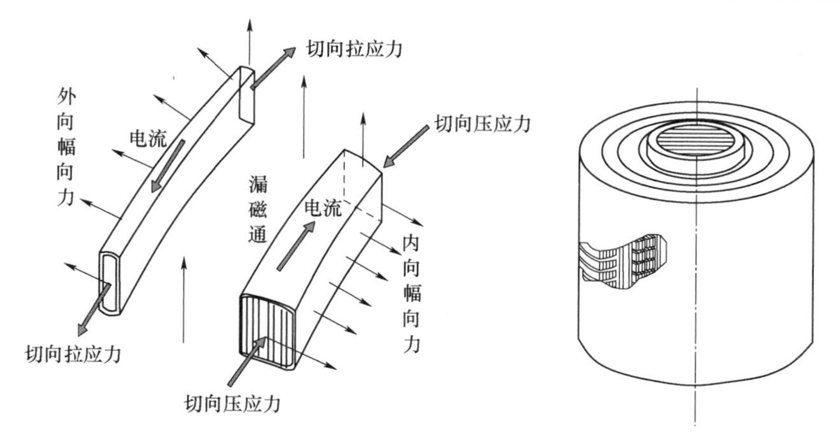

图 4.3　绕组辐向受力示意图

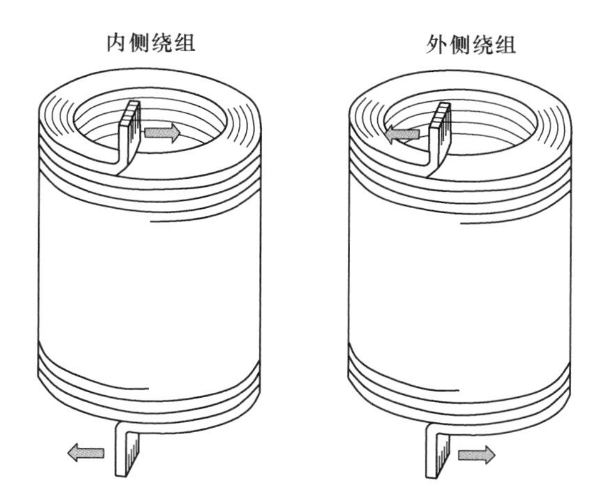

图 4.4　内侧、外侧绕组辐向受力示意图

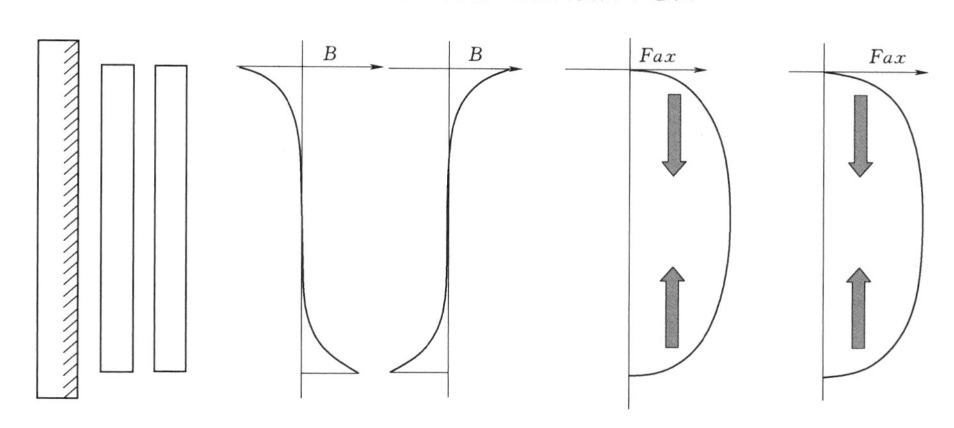

图 4.5　绕组轴向受力示意图

外侧绕组方向相同的指向绕组中部的轴向力，绕组中部局部油道放大产生的轴向漏磁通对内侧绕组产生指向绕组中部的力，对油道放大的外侧绕组产生由中部指向两侧端部的力，如图 4.6 所示。

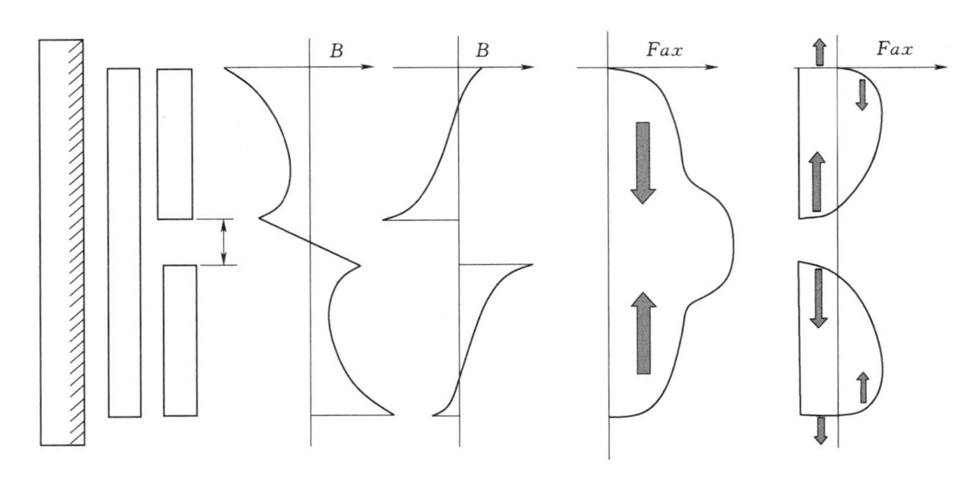

图 4.6 绕组轴向受力示意图（油道放大）

上述四种受力模式导致的变压器绕组机械变形在实际变压器状态评估过程经常碰到。

4.3.2 短路电动力大小

由式（4.27）可知，短路电动力正比于电流的平方。因此，可得

$$F\propto I_y^2\left[\sin^2(\omega t+\theta-\varphi_K)-2\sin(\omega t+\theta-\varphi_K)\cdot e^{-\frac{R_K}{L_K}t}\cdot\sin(\theta-\varphi_k)+e^{-\frac{2R_K}{L_K}t}\cdot\sin^2(\theta-\varphi_K)\right]\tag{4.28}$$

式（4.28）随时间变化的特性如图 4.7 所示，可见 F 具有周期性变化的特点。

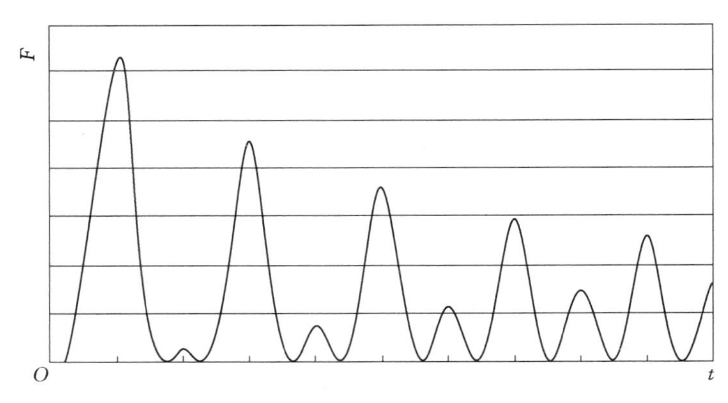

图 4.7 短路电动力典型特征

短路绕组中的平均环形（辐向）应力为

$$\sigma_{avg}=4.74(K\sqrt{2})^2\frac{P_R}{H_K(Z_K\%)^2}\tag{4.29}$$

式中 P_R——折算到 75℃的直流电阻损耗 I^2R，W；

H_K——绕组电抗高度，m。

实际应用中，只需掌握变压器绕组直流电阻、阻抗电压等基本参数，非对称系数 K 按 1.8 选择，即可非常方便地进行计算。式（4.29）是针对铜导线计算得出的，若绕组材

质为铝导线，则有

$$\sigma_{avg}=2.86(K\sqrt{2})^2\frac{P_R}{H_K(Z_K\%)^2} \tag{4.30}$$

作用于内侧绕组与外侧绕组的总的轴向力可表示为（非对称系数 K 取 1.8）

$$F_a=\frac{50.8\times S}{Z_K\%\times H_K f} \tag{4.31}$$

式中 S——每个铁芯柱的额定容量，kVA，按 2.3 节所述方法计算。

4.3.3 短路损坏故障特征

在遭受短路冲击时，对于非分裂绕组结构的电力变压器，一方面，由于辐向漏磁小于轴向漏磁，辐向电动力占主导地位，由于电源侧绕组与短路侧绕组瞬时电流方向近似相反，外侧绕组受张力，内侧绕组受斥力，该电动力总是试图使绕组对间的主漏磁空道面积增大；另一方面，中、低压绕组额定电流通常是高压绕组的数倍，因此，在短路状态下，中、低压绕组承受的电动力为高压绕组承受电动力的数十倍到数百倍，而高、中和低压绕组的 Rp0.2 差别一般不大于 100%，使得绕组遭受短路冲击时，多数为中、低压绕组强制变形或自由变形，从而导致包含变形绕组的绕组对短路电抗发生变化。

4.4 短路时的热容量

短路时变压器绕组中有大电流通过，提高了绕组的温度。按照 GB 1094.5—2008《电力变压器　第 5 部分：承受短路的能力》的相关规定，用于计算变压器绕组耐热能力的电流为对称短路电流均方根值，持续时间为 2s。当短路持续时间不超过 10s 时，可认为短路为绝热过程，绕组短路后的平均温度 θ_1 可表示为

$$\theta_1=\theta_0+\frac{2(\theta_0+235)}{\dfrac{10600}{J^2t}-1} \quad \text{（铜绕组）} \tag{4.32}$$

$$\theta_1=\theta_0+\frac{2(\theta_0+225)}{\dfrac{10600}{J^2t}-1} \quad \text{（铝绕组）} \tag{4.33}$$

式中 θ_1——绕组短路 t 秒后的平均温度,℃；

θ_0——绕组起始温度,℃；

J——短路电流密度，A/mm²，按对称短路电流的方均根值计算；

t——短路持续时间，s。

式（4.32）和式（4.33）是假设短路时产生的所有热量都用于加热绕组而导致绕组温度升高的情况。因为相对于短路电流持续时间，油浸式变压器绕组的热时间常数非常高（通常为数个小时），因此可以忽略从绕组到周围绝缘油间的热量传递。

对于常规电力变压器，其绝缘系统耐热等级通常为 A（允许持续运行的温度为 105℃），而铜导线允许的温度最大值为 250℃。以绕组额定电流密度为 2.7A/mm²，阻抗电压为 10%的电力变压器为例，计算绕组短路时的平均温度。假设绕组起始温度为 85℃

（对应于环境温度20℃，绕组温升65K的一般情况），短路电流持续时间2s（最严酷的情况），则铜绕组的起始温度为93.9℃（平均温升8.93℃），远低于250℃的限值。可见，对于电力变压器，短路状况下的绕组热容量不是设计考虑的重点。相反，对于短路阻抗为4%的配电变压器，以及极低阻抗的电炉变压器，其导线的电流密度最大值将受到限制。

第5章 绕组变形故障诊断案例分析

5.1 绕组变形故障概述

电力变压器的绕组变形通常由变压器的短路故障引起。

随着电力系统的发展，各电压等级变压器的短路视在容量越来越大，在变压器阻抗电压不变的条件下，其承受的短路电流也就越来越大。同时，随着制造技术的进步，单台变压器的容量也在不断增大，而对于相同电压等级、相同运行方式的变压器，其阻抗电压通常相差不大，因此，短路阻抗有名值将成比例减小，也导致变压器承受的短路电流增加；另外，由于大型电力变压器效率较高，其单位容量所对应的负载损耗减小，导致短路电流中非周期分量冲击系数变大。综合以上因素，若大型电力变压器依旧维持原有抗短路能力不变，其遭受短路电流产生的电动力冲击发生损坏的风险日益增大。

实际运行经验表明，变压器在短路电动力作用下发生绕组损坏或引线位移是最常见的故障现象。在由辐向短路电动力引起的绕组损坏事故中，受辐向压缩力作用的绕组损坏事故远远多于受辐向拉伸力作用的绕组损坏事故。不论是辐向短路电动力所引起的绕组损坏事故，还是轴向短路电动力所引起的绕组损坏事故，其损坏部位大多发生在铁芯窗口内部，原因一方面是由于铁芯窗口内部区域的漏磁场比铁芯窗口外部区域的漏磁场要强，因而此部分绕组相应所受的短路电磁力比较大；另一方面是由于铁芯窗口内部的绕组轴向压紧比较薄弱，因而绕组相应部位在短路电动力作用下的变形较大。

对于紧靠铁芯柱放置的变压器内绕组或多绕组变压器的中间绕组，在变压器短路状况下，受到辐向短路电动力所引起的径向压缩作用。中型以上变压器内绕组的辐向失稳是变压器在辐向短路电动力作用下损坏的主要形式。即在绕组圆周方向的某些撑条间隔内整个线饼的所有导线都向里塌陷，而在相近的撑条间隔内整个线饼的所有导线都向外凸出。这种梅花状的局部变形不仅在某一线饼的整个圆周上是不对称的，而且在整个绕组的高度方向上也不一定是所有线饼都产生这种变形损坏。当受辐向短路电磁力作用的绕组因线饼辐向失稳而损坏时，其主、纵绝缘皆会受到影响，但最容易损坏的是导线的匝绝缘，从而会进一步导致绕组的匝间短路，产生严重的绕组局部烧损。

1. 变压器绕组辐向稳定性

目前提高变压器内绕组的辐向稳定性主要采用以下措施：

（1）最根本的措施是提高绕组导线材料的弹性模量，用半硬导线代替软导线，提升其屈服强度。

（2）采用自粘换位导线绕制的变压器绕组，其线饼辐向失稳的平均临界压力值比非自粘换位导线的情况要高许多。

（3）承受辐向压缩短路力作用的变压器内绕组，用硬纸筒做骨架，并在铁芯级间台阶处加圆木支撑，以提高绕组内部撑条支撑的有效性。

（4）线饼辐向导线之间要绕制得尽量紧密，减少各并列导线之间的间隙，避免绕组绕制不均匀。

（5）绕组结构上使其内径支撑数量适当增加，在工艺上进行整体套装并采取恒压干燥处理工艺。

（6）加强绕组出头（特别是螺旋式绕组出头）的绑扎，用热收缩涤纶丝带对出头进行紧固。

绕组的轴向失稳是指在变压器短路过程中绕组某些线饼导线倾斜倒塌的现象，它是受短路轴向电动力和短路辐向电动力共同作用的绕组损坏的主要形式。轴线失稳的情况下，绕组主要电气参量改变较小，现场常用的低电压短路阻抗法、绕组电容量法等对其检出有效性较低，故障特征具有隐秘性。

为了提高变压器绕组抗短路轴向电动力作用的能力，一般在变压器器身装配完成后，对绕组施加一定的轴向预压紧力。若绕组的轴向预压紧力小于短路过程中作用在绕组线饼上的轴向电动力，则在周期变化的短路轴向电动力作用下，绕组某些部位的线饼与线饼之间、线饼与垫块之间会由于线饼的轴向振动而出现空隙。这些空隙的出现除了造成导线匝绝缘摩擦破损，形成匝间短路故障以外，在辐向短路力的共同作用下，还必然导致辐向垫块的松动移位和线饼导线的倾斜倒塌。如果绕组的某些导线在绕制过程中就存在微小倾斜，或绕组的轴向预压紧力过大而导致线饼某些导线出现微小倾斜，或导线的宽厚比过大，都会增加短路过程中线饼导线倾斜倒塌的可能性。

2. 变压器绕组轴向稳定性

目前提高绕组轴向稳定性主要采用以下措施：

（1）准确选取与保持足够的绕组轴向预紧压力。绕组轴向预紧压力值的选取，既要考虑绕组短路轴向电动力的大小，又不能超过线饼的轴向失稳临界压力值。同时还要考虑在变压器装配过程中对轴向预紧压力控制的准确程度和变压器长期运行中绝缘件尺寸的收缩而导致轴向预紧压力降低的影响。目前220kV电力变压器绕组轴向预紧压强通常为3～3.5MPa。

（2）采用高密度、低收缩率纸板制作线饼间辐向垫块或是对其进行预密化处理，以减少垫块在使用过程中的残余（永久）变形，保证绕组在长期的运行过程中能够始终保持适当的压紧状态，从而提高在变压器短路情况下绕组的轴向动稳定能力。

(3) 对变压器绕组进行恒压干燥处理。通常恒压干燥的压力值应大于装配后的绕组预压紧力，保证绕组的绝缘垫块和导线匝绝缘在干燥过程中受压变形，以使其残余变形固定下来，保持绕组轴向尺寸的稳定，从而提高绕组的轴向动稳定能力。

(4) 提高绕组轴向动稳定性的其他技术措施。合理选择绕组导线宽厚比、采用自粘换位导线或半硬铜导线绕制线饼；严格控制垫块的厚度公差，以保证各撑条上的垫块均匀受力；绕组使用外撑条以防止垫块移位；严格控制装配公差，保证各个绕组装配的上下对称，并使端绝缘垫块与绕组垫块上下对齐；严格控制铁芯柱的垂直度；加强对绕组出头的绑扎等。

根据国家电网有限公司2013—2018年的统计结果，因变压器抗短路能力不足造成的绕组变形或绝缘缺陷最多，共计31次，占比29%。

绕组机械变形故障主要靠变形后绕组相关可测电气量的变化进行判断，如反映绕组对间主绝缘空道距离变化与绕组电抗高度变化的短路电抗测量、反映绕组间主绝缘间等效介电系数变化与等效距离变化的电容测量，以及反映绕组线线匝/线饼间纵向与横向电容、电感变化的绕组频率响应分析。

5.2 故障案例分析

变压器有多种故障分类方法，如按故障部件分类、按故障性质分类、按故障产生的原因分类、按故障造成的损失分类等。如果按故障的主要特征分类，可将变压器故障分为机械变形故障、热故障、绝缘故障、附件故障与综合故障五大类。常见的绕组变形，若仅表现为绕组机械位置的变化，则对应于机械变形故障；若绕组显著变形的同时导致导线断股放电，则对应综合故障。

电力变压器作为静止的电力传输设备，除分接开关外，器身内部无旋转运动部件，因此不存在类似高压断路器弧触头磨损、主轴弯曲变形、绝缘拉杆断裂等机械类故障。但实际运行中，机械变形引起的故障多年来一直是变压器主要故障类型，通常表现为绕组受短路电流产生的电动力冲击变形以及有载分接开关由于支架变形或运动部件卡滞造成的放电。机械变形故障主要靠变形后绕组相关可测电气量的变化进行判断，如反映绕组对间主绝缘空道距离变化与绕组电抗高度变化的短路电抗测量、反映绕组间主绝缘间等效介电系数变化与等效距离变化的电容测量，以及反映绕组线线匝/线饼间纵向与横向电容、电感变化的绕组频率响应分析。

【案例5.1】

1. 设备主要参数

型号：SFPZ9-63000/110

额定电压：(110±8×1.25%/38.5/10.5)kV

额定容量：63000/63000/20000kVA

联结组别：YNyn0d11

阻抗电压：高压-中压为17.31%

中压-低压为6.13%

高压-低压为10.26%

2. 设备运维状况

最近一次例行试验显示变压器直流电阻、电压比、介质损耗、油中溶解气体色谱分析均无异常，运行中也未发现其他异常现象，但10kV侧曾发生数次短路电流冲击，35kV侧也曾受到短路电流冲击。

绕组电容量与出厂试验值相比有较大变化，试验数据见表5.1，低电压短路阻抗值与铭牌值相比也有较大变化，试验数据见表5.2。

表5.1 变压器主绝缘电容量试验数据 单位：nF

试验日期	中压绕组对其他及地	低压绕组对其他及地
2006年3月	23.40	26.30
2016年3月	34.17	27.68

表5.2 变压器低电压短路阻抗试验数据

测试部位	高压-中压			高压-低压			中压-低压		
相别	A	B	C	A	B	C	A	B	C
铭牌值/%	17.31	17.31	17.31	10.26	10.26	10.26	6.13	6.13	6.13
诊断测试值/%	17.54	17.84	17.70	11.76	11.55	11.49	5.49	5.63	5.48

3. 诊断分析

由变压器绕组对间的电抗电压计算公式［式(3.19)］可得

$$x_K\% = \frac{49.6 f I W \sum_{k=1}^{n} D\rho}{e_t H_K \times 10^6}\%$$

变压器绕组对间的电抗电压与归算到基准测（通常为高压侧）的绕组额定电流I、线圈匝数W、等效漏磁面积$\sum D$、匝电压e_t、电抗高度H_K以及洛氏系数ρ有关。对于一台特定的三绕组变压器，从控制轴向力的角度考虑，在设计上，电抗高度通常是相同的。因此，对于高压-中压和高压-低压两个绕组对而言，因其电抗标幺值均归算到高压绕组，根据式(3.23)可知，短路电抗主要由等值漏磁面积决定。对于此变压器，高压-中压绕组对间的短路电抗标幺值为0.1731，高压-低压绕组对间的短路电抗标幺值为0.1026。可见，高压-中压绕组对间的等效漏磁面积大于高压-低压绕组对，这只有在中压绕组的位置处于低压绕组内部的情况下才能发生，因此，判断此变压器绕组排列方式由铁芯到油箱为中压-低压-高压。

由表5.2可知，与铭牌值相比，高压-中压绕组对间的电抗电压最大变化率为2.97%，高压-低压绕组对间的电抗电压最大变化率为14.6%。初步分析高压-中压绕组对与高压-低压绕组对间等效漏磁面积均增大，且高压-低压绕组对间等效漏磁面积增大得更多。由于对于高压绕组供电的情况，中低压绕组发生辐向变形时，总是使绕组间空道距离增大，从而导致电抗电压增大，因此，初步判断中压、低压绕组均发生了辐向变形，但低压绕组变形更严重。同时，与铭牌值相比，中压-低压绕组对间的电抗电压最大变化率为

－13.4%，表明中压绕组与低压绕组间的主空道距离减小，从另一方面佐证了处于高压绕组与中压绕组间的低压绕组发生严重辐向变形。

由表5.1可知，与出厂试验结果相比，中压绕组对其他及地的电容量变化率为46.0%，低压绕组对其他及地的电容量变化率为5.25%，可判断低压绕组发生严重变形。

综合分析，该变压器低压绕组发生严重辐向变形，且A相与B相较C相更严重，同时，中压绕组也发生显著变形，且B相与C相较A相更为严重。

4. 检修情况

变压器返厂检修结果表明，10kV低压绕组A相与B相发生严重辐向变形，35kV中压绕组B相、C相发生局部辐向变形，如图5.1和图5.2所示。

图5.1　低压绕组变形

图5.2　中压绕组变形

5. 状态诊断过程注意点

(1) 变压器油中溶解气体分析正常，不代表变压器绕组状态正常。任何一种试验方法均有自己的局限性，对于尚未造成绕组局部过热或绝缘击穿放电的绕组变形故障，油色谱分析无能为力。传统的油色谱无异常就代表变压器运行情况良好这一论断存在极大的误区。

(2) 此变压器绕组排列顺序不同于通常的三绕组降压变。事实上，由于数年前，此变压器承担着上送10kV小火电的功率任务，为实现功率高效传输，变压器10kV绕组布置于110kV绕组与35kV绕组之间。这种排列方式给初期的状态诊断工作带来很大的困扰。若按常规布置方式考虑，首先怀疑的是电容量出厂试验数据与变压器铭牌阻抗电压的准确性。同时，这种排列方式也是此台变压器长期试验数据异常，但始终未能及时确诊的关键原因。

(3) 关于绕组主绝缘间电容量。变压器一对绕组间的辐向几何电容可按同轴圆柱电容

公式计算，即

$$C_{ww}=\frac{17.7\pi\varepsilon_{eq}H}{\ln\frac{R_{w2}}{R_{w1}}}\times 10^{-3} \tag{5.1}$$

式中 C_{ww}——同轴圆柱电容，pF；

R_{w2}——外绕组内半径，mm；

R_{w1}——内绕组外半径，mm；

H——轴向电抗高度，mm；

ε_{eq}——主绝缘等效相对介电系数。

可见，绕组主绝缘间的电容量主要由外绕组内半径与内绕组外半径比值确定。若两个绕组等效距离变大，则电容减小；等效距离减小，则电容增大。需要注意的是，对于三相变压器，电容量变化率反应的是三个绕组的整体情况，其灵敏度与反应每相绕组对间的电抗变化率相比较低。

（4）关于电容量变化率。表5.1中的中压绕组对其他及地的电容量变化率为46.0%，低压绕组对其他及地的电容量变化率为5.25%，说明中压绕组的主绝缘电容量变化率对低压绕组辐向变形更灵敏。通常，现场开展变压器绕组连同套管的介质损耗与电容量测试试验时，均按照试验按照DL/T 474.3—2018《现场绝缘试验实施导则　介质损耗因素tanδ试验》开展，具体见表5.3。

表5.3　　介质损耗因素tanδ试验接线

顺序	三绕组变压器	
	加压绕组	接地部位
1	低压	高压、中压和外壳
2	中压	高压、低压和外壳
3	高压	中压、低压和外壳
4	高压和中压	低压和外壳
5	高压、中压和低压	外壳

注　试验时高、中、低三绕组两端都应短接。

可见，按照DL/T 474.3—2018推荐的测试方法，其测试值均为两个主绝缘之间电容之和，如中压绕组施压时，测试电容主要由中压绕组与高绕组间主绝缘电容和中压绕组与低压绕组间主绝缘电容两部分组成。绕组发生辐向变形时，绕组辐向厚度基本保持不变，绕组上端部与下端部对油箱及铁轭电容也基本不变，可忽略其影响。

对于此变压器，由于10kV绕组处于110kV绕组与35kV绕组之间，当其发生辐向变形时，10kV绕组与110kV绕组之间的主绝缘电容量减小，与35kV绕组之间的电容量增大，因此测试电容量变化率与变形程度不是线性关系。但是，当10kV绕组辐向变形时，10kV绕组与35kV绕组间的主绝缘电容量增大，测试电容量单调增大。对此变化规律的定性分析如图5.3所示。

由图5.3可知，当处于中间位置的低压绕组发生辐向变形时，位于最内侧的中压绕组

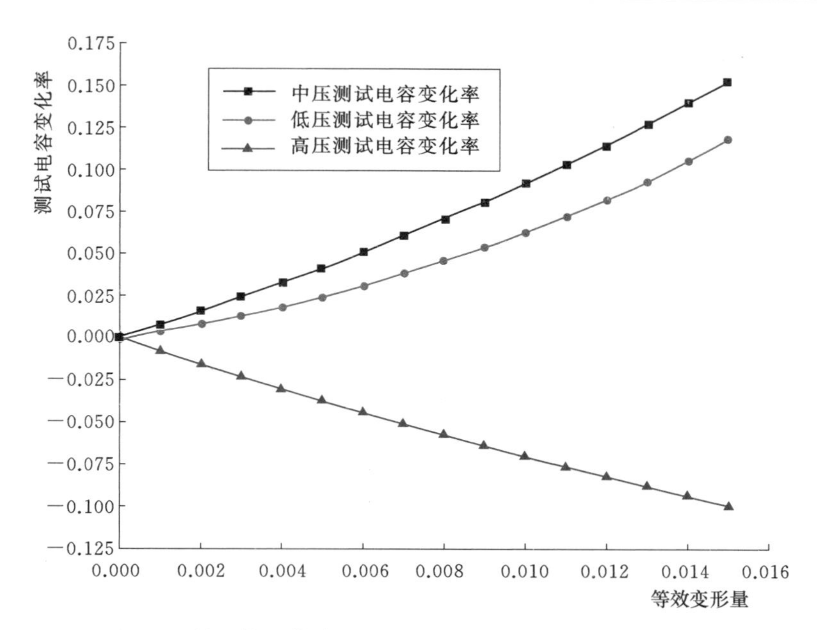

图 5.3　低压绕组等效变形量与测试电容变化率之间的关系

测试电容量变化率大于低压绕组测试电容量变化率，低压绕组变形越严重，其差别越大。实际判断中，可作为判断变形程度的一个辅助依据。

【案例 5.2】

1. 设备主要参数

型号：SFPSZ9－150000/220

额定电压：(220±8×1.25%/121/38.5/10.5)kV

额定容量：150000/150000/150000/45000kVA

联结组别：YNyn0yn0＋d11

阻抗电压：高压-中压：12.65%

中压-低压：7.83%

高压-低压：21.81%

2. 设备运维状况

最近一次例行试验显示变压器直流电阻、电压比、介质损耗、油中溶解气体色谱分析烃类气体均无异常。投入运行以来，低压侧累计遭受 70%以上允许短路电流（估算为 7kA）冲击 87 次，累计持续时间 11960ms。

最近一次绕组电容量与出厂试验值相比有较大变化，试验数据见表 5.4；低电压短路阻抗值与铭牌值相比也有较大变化，试验数据见表 5.5；绝缘油中溶解气体分析显示一氧化碳与二氧化碳比值异常，见表 5.6 和表 5.7。

表 5.4　　变压器主绝缘电容量试验数据　　单位：nF

试验日期	高压对其他及地	中压对其他及地	低压对其他及地	平衡对其他及地
2003 年 10 月	13.84	20.78	27.13	31.12

续表

试验日期	高压对其他及地	中压对其他及地	低压对其他及地	平衡对其他及地
2016年5月	13.87	20.39	30.67	35.79

表5.5　变压器低电压短路电抗试验数据

测试部位	高压-中压			高压-低压			中压-低压		
相别	A	B	C	A	B	C	A	B	C
铭牌值/%	12.65			21.81			7.83		
诊断测试值/%	12.61	12.70	12.83	22.17	21.94	22.01	8.36	7.97	7.98

表5.6　变压器油中溶解气体色谱分析数据　单位：μL/L

试验日期	一氧化碳	二氧化碳
2015年7月	390	917
2016年7月	363	719
2017年7月	544	1243

表5.7　一氧化碳与二氧化碳比值

试验日期	一氧化碳/二氧化碳	试验日期	一氧化碳/二氧化碳
2015年7月	0.42	2017年7月	0.43
2016年7月	0.50		

3. 诊断分析

由变压器绕组对间的电抗电压大小可知此变压绕组排列方式由铁芯到油箱依次为：平衡-低压-中压-高压。220kV高压绕组测试电容量变化率为0.2%，处于正常的测试误差范围之内，可认为其电容量未发生变化；110kV中压绕组测试电容量变化率为−1.8%；35kV低压绕组测试电容量变化率为+13.5%；10kV平衡绕组测试电容量变化率为15.06%。从电容量测试结果初步分析，电容量变化规律符合处于中压和平衡绕组之间的低压绕组发生辐向变形时的特征。

从电抗电压变化规律分析，高压-中压绕组对相间互差为0.54%，处于正常范围内；高压-低压绕组对相间互差为1.0%，已超出这种结构的三绕组变压器电抗电压正常变化范围，其中A相漏电抗变化最大；中压-低压绕组对间相间互差为4.9%，尤其是A相漏电抗变化最大，与铭牌值相比变化率为6.77%。判断低压绕组A相发生严重辐向变形，低压绕组B相、C相也发生显著变形。

综合电容量变化规律与电抗变化情况，判断变压器35kV侧A相低压绕组发生严重辐向变形，B相、C相发生显著变形。

4. 检修情况

变压器返厂检修结果表明，10kV低压绕组A相与B相发生严重辐向变形，35kV中压绕组B相、C相发生局部辐向变形，如图5.4和图5.5所示。

5. 状态诊断过程注意点

(1) 关于变形程度的判据。GB 1094.5—2008《电力变压器　第5部分：承受短路的

图 5.4 低压 A 相辐向变形

图 5.5 低压三相辐向变形（中间为 A 相）

能力》考虑到不同容量的变压器短路电抗变化率反映绕组变形程度的灵敏度差异，规定对于额定容量为 25～100000kVA 的电力变压器，若短路试验后以欧姆表示的每相短路电抗值与原始值之差不大于 2%，则认为变压器绕组未发生显著变形，短路试验通过；对于额定容量大于 100000kVA 的电力变压器，若短路试验后以欧姆表示的每相短路电抗值与原始值之差不大于 1%，则认为变压器未发生显著变形，短路试验通过；若短路电抗变化范围为 1%～2%，则需通过补充试验的方法确定绕组有无异常。可见，GB 1094.5—2008 已经考虑到不同容量的电力变压器，其电抗变化率反映绕组变形的灵敏度差异问题。本实例中，高压-低压绕组间电抗变化率仅为 1.65%，刚超出 DL/T 1093—2018《电力变压器绕组变形的电抗法检测判断导则》推荐的 1.6%的判断标准，但实际上低压绕组已发生了严重的轴向变形。从达到相同判断灵敏度考虑，笔者提出等效变形量与变形程度的概念。即当中压绕组发生辐向变形时，由于其受到向内的径向力，导致其与高压绕组之间的主绝缘距离增大，与低压绕组之间的主绝缘距离减小，不论其表现为海星形还是角星形，均可以认为其等效半径发生了减小。变形绕组等效半径最大变化量可以认为是中、低压绕组对间主绝缘距离与不可压缩的硬纸筒厚度之差的一半。若定义绕组等效变形程度 x 为绕组等效半径变化量与绕组正常状态下等效半径的比值，通过对典型 220kV 变压器进行变形仿真分析，可推导适用于此类变压器的经验公式。

高压-低压绕组变形程度为

$$x=50\Delta X_{13} \tag{5.2}$$

应用式（5.2）计算低压 A 相绕组变形程度为 0.85，属于严重变形。

按式（5.2）反推，当电抗变化率达到 0.5%时，实际等效程度已达 0.258，属于显著变形范围。因此，实际诊断工作中，对于此类结构的变压器，一旦高压-低压绕组电抗电压发生显著增大，往往预示着低压绕组易发生严重变形。

（2）变压器低压绕组的抗短路能力。变压器承受短路的能力依据的是 GB 1094.5—2008《电力变压器 第 5 部分：承受短路的能力》技术标准。其先后经历了 1985 年、2003 年和 2008 年三个版本，主要内容都是“规定了电力变压器在由外部短路引起的过电流作用下应无损伤的要求”。其中 1985 年版规定的系统短路表观容量最小（要求最松），对于 220kV 为 1500 万 kVA，对于 110kV 为 800 万 kVA，折算为对应电压等级的系统母线三相对称短路电流，分别为 35.79kA 和 38.17kA。2008 年版发布后，国内变压器生产企业才开始普遍重视电力变压器抗短路能力理论核算工作，2009年以后，国产变压器低压绕组开始普遍采用自粘性换位导线，抗短路能力有了显著提升。近年来发生的变压器遭受短路电流电动力冲击导致绕组变形损坏的以9型变压器居多，10型以后的变压器，由于半硬导线的普遍应用，中低压绕组发生大面积辐向变形的情况已不多见了。也就是说，由轴向漏磁通引起的辐向电动力已不是变压器抗短路能力的主要影响因素，而由绕组局部安匝分布不均匀导致的辐向漏磁通产生的轴向力成为变压器抗短路能力的主要影响因素。

(3) 关于变压器低压绕组抗短路能力的初步校核。变压器抗短路能力校核主要采用两种方法，即内线圈辐向力校核方法和安德森短路力计算软件，两种方法互为补充。内线圈辐向力校核方法是根据弹性理论，由承受辐向压力的薄壁圆筒辐向稳定公式推导出来的，涵盖绕组具体结构、绕制方法、绕组内撑条有效支撑点数等因素，考虑到材质和工艺分散性带来的误差，该绕组辐向失稳的安全裕度取1.8～2.0。安德森短路力计算软件采用磁场计算，在高中、高低、中低运行方式下分别计算线圈不同分段短路力，在各段上进行应力计算获得各段的平均应力分布结果，以最大辐向应力、垫块轴向应力与GB/T 1094.5—2008附录A中的相关许用值进行比较，均小于许用值则认为线圈不会失稳。内线圈辐向力校核方法和安德森短路力计算软件均需要大量的变压设计参数，对技术人员要求较高。按式(4.29) $\sigma_{avg}=4.74(K\sqrt{2})^2\dfrac{P_R}{H_K(Z_K\%)^2}$，也可进行简易计算。GB 1094.5—2008《电力变压器　第5部分：承受短路的能力》规定，连续、螺旋及层式绕组平均环形压缩压力，对于常规和组合导线：$\sigma_{ave}\leqslant 0.35R_{P0.2}$；对于自粘组合或自粘换位导线：$\sigma_{ave}\leqslant 0.6R_{P0.2}$。

以此台变压器举例如下：式中，$K\sqrt{2}$取2.55，75℃时直流电阻为10.33mΩ，电抗高度为1.82m，阻抗电压为0.2184，经计算可得$\sigma_{avg}=20.06$MPa对于国内生产的电力变压器，在2009年之前，中低压绕组大量采用屈服强度为80的铜导线。可见，$\sigma_{avg}=20.06\text{MPa}<28\text{MPa}$，满足要求，且具有1.39倍的裕度。

又如：某变压器型号为SFPZ9－180000/220，电压组合为220±8×1.25%/38.5，阻抗电压为0.1429，容量组合为180000/180000/54000，联结组别为Ynyn0＋d。35kV绕组75℃时直流电阻为8.60mΩ，绕组电抗高度为1.82m。经计算可得靠近主漏磁空道的绕组受到的最大应力为54.15MPa，$\sigma_{avg}=54.15\text{MPa}>28\text{MPa}$，已不满足抗短路能力要求。

可见，对于220kV直接降压为35kV的双绕组变压器，由于220kV系统短路容量远大于110kV，且双绕组变压器电磁耦合紧密，短路阻抗较小，导致其遭受电动力的环境恶劣。这也是220kV直接降压为35kV的双绕组变压器出现严重绕组变形的情况相对较多的直接原因。从变压器安全运行的角度，若220kV潮流经220kV至110kV、110kV至35kV两级变换，两级阻抗的串联将大大降低35kV绕组损坏的概率。

第 6 章 绕组绝缘故障诊断案例分析

6.1 绕组绝缘故障概述

油浸变压器的绝缘通常分为在油箱内部的内绝缘和在空气中的外绝缘，内绝缘又分为套管外绝缘（油中部分）、线圈绝缘、引线绝缘、分接开关绝缘和外绝缘等，如图 6.1 所示。

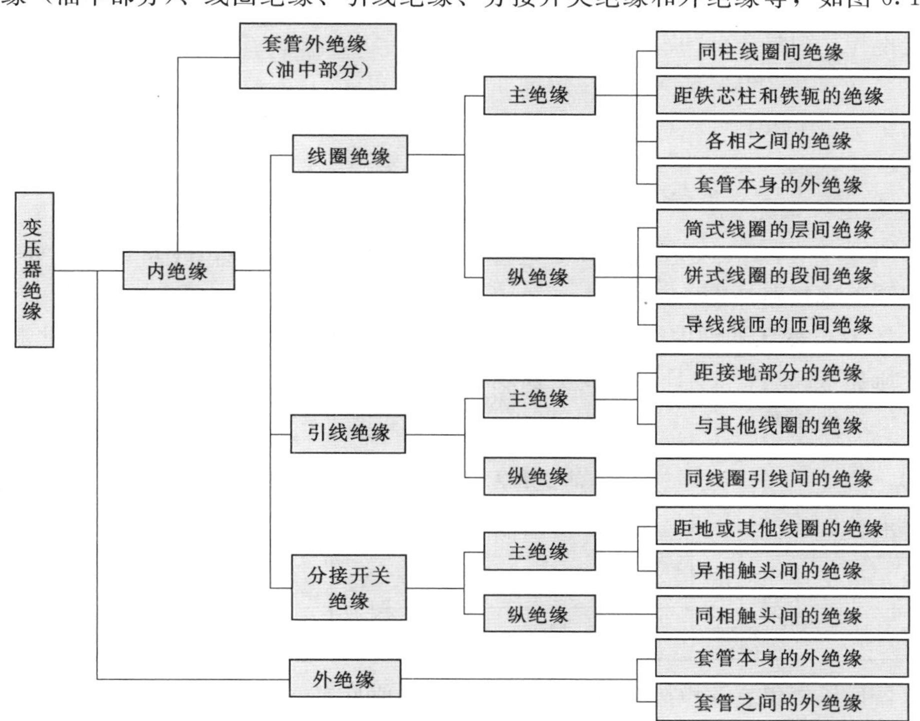

图 6.1　变压器主要绝缘

主绝缘指线圈（引线）对地、同相或异相线圈（或引线）之间的绝缘，其绝缘性能由工频耐压与冲击耐压来考核；纵绝缘主要是指同一线圈各点之间或其相应引线之间的绝缘，其绝缘性能由感应耐压与冲击耐压来考核。

油浸变压器的主、纵绝缘主要是由介电常数相对较高的油浸纸和介电常数相对较低的变压器油组合而成的。在这种绝缘方式下，油部分的场强较高，高到一定程度就会产生局部放电，有时会产生击穿，因此，基本做法是利用变压器油击穿电压的体积效应，用薄纸筒将大体积的油分割为小体积的油隙，提高单位油隙的击穿强度。

电力变压器绝缘故障原因大致可归结为耐受电应力能力不足、耐受热应力能力不足与耐受机械应力能力不足三类，即，主绝缘或纵绝缘的工作场强超过其耐受场强，造成绝缘的破坏击穿；运行温度或热点温度超过限值，引起绝缘老化损坏；出口短路、运输冲撞或地震等原因所产生的作用力引起绝缘或导体变形。

实际运行经验表明，绕组绝缘故障通常由局部的机械形变引发，通常电气故障特征明显，保护动作行为特征、绝缘油中溶解气体色谱分析、直流电阻、电压比测试结果都可能检出。

6.2 绕组断股故障

【案例 6.1】

1. 设备主要参数

型号：SFZ11－40000/110

额定电压：(110±8×1.25％/10.5)kV

额定容量：40000kVA

联结组别：YNd11

阻抗电压：10.1％

2. 设备运维状况

2017 年 8 月 14 日，变压器 10kV 电缆线路中间头发生故障，线路跳闸，重合成功，变压器遭受近区短路冲击。

8 月 15 日，变压器油中溶解气体分析显示乙炔严重超注意值，但总烃含量未见明显异常。变压器持续运行 10 日后，复测发现各组分均有增长趋势，测试数据见表 6.1。遂停电开展诊断性试验。

表 6.1　油中溶解气体色谱数据　　单位：μL/L

取样日期	氢气	一氧化碳	二氧化碳	甲烷	乙烷	乙烯	乙炔	总烃
2017 年 8 月 15 日	101.14	754.22	1823.33	32.52	3.71	14.91	11.31	62.45
2017 年 8 月 25 日	121.15	857.41	2153.37	37.39	4.54	19.1	11.59	72.63

变压器低压绕组直流电阻换算到相电阻的测试值见表 6.2。

变压器主绝缘电容量测试数据见表 6.3。

表 6.2　　变压器低压绕组直流电阻换算到相电阻的测试值（折算到 20℃）　　单位：mΩ

试验日期	A	B	C
2017 年 4 月	11.390	11.438	11.483
2017 年 8 月	12.537	11.630	11.644

表 6.3　　变压器主绝缘电容量测试数据　　单位：nF

试验日期	高压对其他及地	低压对其他及地
2012 年 6 月	8.13	13.82
2017 年 8 月	8.17	13.71

变压器低电压短路阻抗测试数据见表 6.4。

表 6.4　　变压器低电压短路阻抗测试数据

试验部位	高压-中压			高压-低压		
相别	A	B	C	A	B	C
铭牌值	12.65%	12.65%	12.65%	21.81%	21.81%	21.81%
测试数据	12.61%	12.70%	12.83%	22.17%	21.94%	22.01%

3. 诊断分析

利用三比值法对油中特征气体的含量进行判断，编码组合均为 1、0、2，故障类型为电弧放电。

由表 6.2 可见，上次例行试验低压侧直流电阻大小关系为 $R_C>R_A>R_B$，本次试验直流电阻大小关系为 $R_A>R_C>R_B$，可见，B 相和 C 相直流电阻未发生显著改变，而 A 相直流电阻显著增大，相间不平衡变化率达到 7.6%。该变压器低压绕组为螺旋式结构，24 根导线并绕，直流电阻变化特征与 2 根断股的 8.7%的平衡率比较接近，判断低压绕组存在多根并联导线放电烧损的情况。

由表 6.3 可知，变压器高压对其他及地、低压对其他及地的主绝缘电容量变化率分别为 0.4%和－0.8%，属于正常范围。

由表 6.4 可知，变压器短路阻抗初值变化率为－0.73%，相间互差为 1.73%，对于此类变压器均处于正常范围之内。

综合分析判断，变压器在短路电动力的作用下发生匝间短路，导致多根导线烧损；短路故障消失后，短路烧损处线匝间绝缘恢复，故变压器可以继续运行。变压器差动保护与轻重瓦斯保护均为动作，说明故障部位能量不是很大（乙炔含量也低于通常此类变压器内部绝缘故障的 30～60μL/L，也是一个佐证）。

4. 检修情况

变压器返厂检修结果表明，低压绕组为标准“4－2－4”换位，如图 6.2 所示，10kV 低压绕组 A 相绕组在第一个 1/4 外侧换位处（S 弯处）导线发生局部变形，两根导线断股，如图 6.3 和图 6.4 所示。

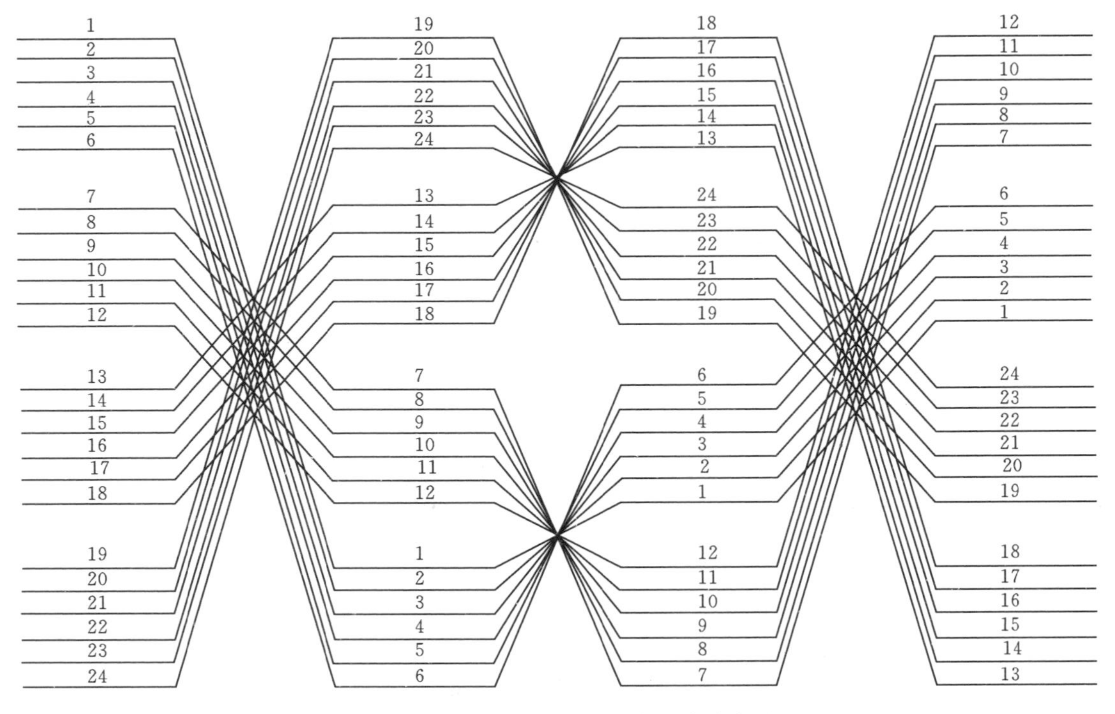

图 6.2　标准“4-2-4”换位导线分布图

图 6.3　低压 A 相绕组 1/4 换位处局部变形

图 6.4　两根导线断股

5. 状态诊断过程注意点

(1) 变压器遭受短路冲击后，由于自动重合成功，故主变仍正常运行。第一天油中溶解气体分析显示乙炔含量并未达到通常变压器内部绝缘故障的限值水平，分析可能为过电压导致的引线或软连接对地放电，判断变压器具备长期运行条件。当 10 天后，复测油色谱时，由于各组分气体均有显著增长，故怀疑变压器内部存在故障点，因此停电开展诊断试验。

(2) 由于变压器阻抗电压与电容量均未发生显著变化，因此，首先排除了变压器低压绕组发生显著绕组变形的可能。由于低压A相直流电阻显著偏大，故怀疑的重点转为主变低压侧导线与软连接在短路电动力的冲击下发生接触不良。但通过分析10天之内主变油中溶解气体各组分的变化趋势，在变压器以近70%的负载率运行的情况下，反应过热性的特征气体甲烷和乙烯的变化率显著小于氢气19.8%的变化率，因此，排除了导电部位接触不良的可能。

(3) 由于变压器故障过程中，本体差动保护未动作、重瓦斯保护未动作、乙炔含量不是很高，因此排除了匝间短路放电的可能，与24根导线并绕、2根断股情况下的直流电阻不平衡率比较接近，因此推测最可能的原因为螺旋式低压绕组并联换位处在电动力作用下发生瞬间短路造成导线断股。从而决定变压器返厂检修。

(4) 此变压器为2011年生产，变压器低压绕组采用了屈服强度为120MPa的半硬铜导线。主要设计参数为：低压A相直流电阻13.85mΩ，绕组电抗高度0.915m，额定相电流1269.8A，阻抗电压10.1%，110kV系统阻抗标幺值为0.028。按式(4.29) $\sigma_{\mathrm{avg}}=4.74(K\sqrt{2})^2\dfrac{P_{\mathrm{R}}}{H_{\mathrm{K}}(Z_{\mathrm{K}}\%)^2}$计算可得，低压绕组平均应力强度为57.57MPa，靠近主漏磁空道导线最大辐向应力为115.14MPa，已非常接近超出导线120MPa耐受能力。但由于平均应力承受能力并未超出其承受能力，因此，绕组并未发生大面积辐向变形。但按通常的辐向漏磁分布(图4.3)，1/4换位处已存在较大侧辐向漏磁，在轴向力与辐向力叠加作用之下，低压绕组最外侧发生机械力引起的并联导线间绝缘损坏，引发导线放电断股。

(5) 对于国内2011年之后生产的变压器，多数低压绕组选用了屈服强度大于120MPa的半硬铜导线，绕组发生大面积辐向变形的情况改善很多，但随之而来的由辐向力与轴向力叠加产生的合力导致绕组局部损伤放电的故障则显得比较突出了。

【案例6.2】

1. 设备主要参数

型号：SSZ11-63000/110

额定电压：(110±8×1.25%/38.5±2×2.5%/10.5)kV

额定容量：40000kVA

联结组别：YNyn0d11

阻抗电压：高压-中压为10.20%

中压-低压为6.67%

高压-低压为18.51%

2. 设备运维状况

2016年11月，10kV线路发生三相短路故障，变压器差动保护、本体重瓦斯保护先后动作，跳三侧断路器。

该变压器主要接带工业负载，从投运以来，中、低压侧共受短路电流冲击达36次，最大一次的短路电流达6kA。

故障前后变压器油中溶解气体色谱数据见表6.5。

表6.5　故障前后变压器油中溶解气体色谱数据　单位：μL/L

取样日期	氢气	一氧化碳	二氧化碳	甲烷	乙烷	乙烯	乙炔	总烃
2016年10月5日	45.2	1499.9	2602.7	9.3	1.1	0.8	0	11.2
2017年11月25日	727.6	1121.7	1696	62.8	4.1	46.4	150.4	263.6

故障前后变压器高压侧直流电阻见表6.6。

表6.6　故障前后变压器高压侧直流电阻（均已换算至75℃）　单位：mΩ

分接位置	故障前				故障后			
	A	B	C	不平衡率/%	A	B	C	不平衡率/%
1	434.3	431.0	433.1	0.78	433.8	433.3	435.3	0.46
9	382.0	378.5	379.3	0.92	380.9	379.6	380.3	0.33
17	434.6	431.3	432.9	0.75	434.0	433.0	435.1	0.49

故障前后变压器主绝缘电容量测试数据见表6.7。

表6.7　故障前后变压器主绝缘电容量测试数据　单位：nF

试验日期	高压对其他及地	中压对其他及地	低压对其他及地
2016年5月	14.30	23.24	20.98
2016年11月	14.74	23.66	20.89

变压器低电压短路阻抗测试数据见表6.8。

表6.8　变压器低电压短路阻抗测试数据

试验部位	高压-中压			中压-低压			高压-低压		
相别	A	B	C	A	B	C	A	B	C
铭牌值	10.20%	10.20%	10.20%	6.67%	6.67%	6.67%	18.51%	18.51%	18.51%
测试数据	10.11%	10.10%	10.13%	6.73%	6.71%	6.75%	18.79%	18.79%	18.88%

变压器110kV侧故障差流录播图如图6.5所示。

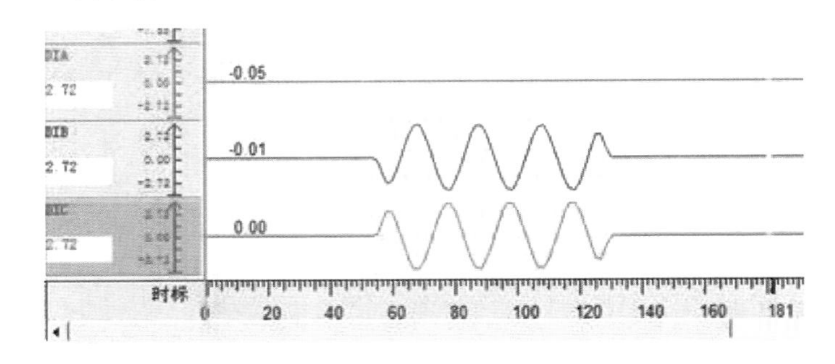

图6.5　变压器110kV侧故障差流录播图

3. 诊断分析

从油中溶解气体组分含量分析，变压器内部发生高能电弧放电。

变压器高压绕组直流电阻、绕组主绝缘电容量以及低电压短路阻抗测试结果均未检测到异常。

从图 6.5 分析，高压侧 B 相和 C 相差流幅值相近，相位相反，符合 10kV 绕组 B 相、C 相相间短路故障特征。变压器厂技术人员分析认为，由于此类变压器曾发生过 10kV 绕组内部软连线短路故障的案例，结合变压器故障录播图，初步判断变压器内部放电原因为低压侧 B 相、C 相引线相间短路。

4. 检修情况

对变压器低压引线连接情况进行内窥镜检测，未发现 10kV 绕组软连线有放电痕迹。

5. 再次诊断分析

10kV 引线未检查出放电现象，说明 B 相、C 相差流不是由 10kV 绕组相间故障产生。根据变压器差动保护基本原理，由于 110kV 侧与 10kV 侧绕组接线方式不同，如图 6.6 和图 6.7 所示，存在 30°的相位差，因此，需要对电流进行校正。若以角接的一侧为基准，则需对星接的一侧进行相位校正，即

$$\dot{I}_{AH}=(\dot{I}_{ah}-\dot{I}_{bh}) \tag{6.1}$$

$$\dot{I}_{BH}=(\dot{I}_{bh}-\dot{I}_{ch}) \tag{6.2}$$

$$\dot{I}_{CH}=(\dot{I}_{ch}-\dot{I}_{ah}) \tag{6.3}$$

校正后电流相量关系如图 6.8 所示。可见，经校正后，星接侧与角接侧实现了电流相位的统一。

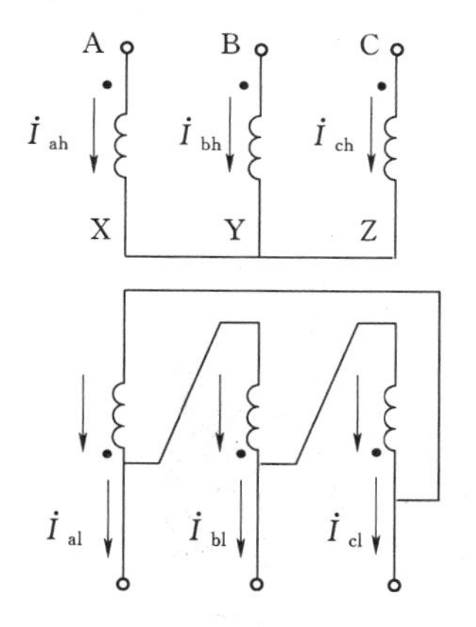

图 6.6 星角 11 点接线电流示意图

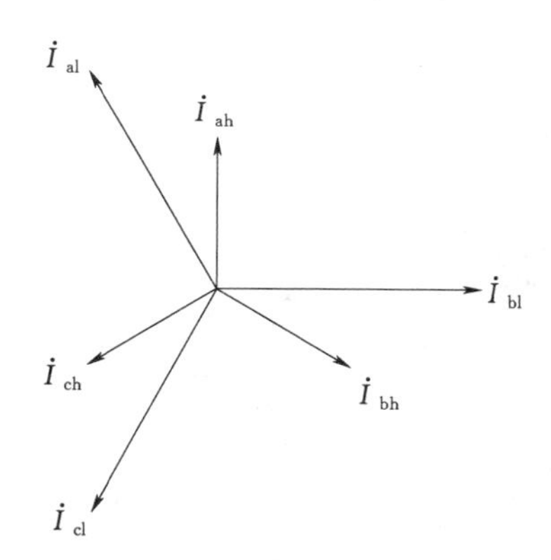

图 6.7 星角 11 点接线电流相量图

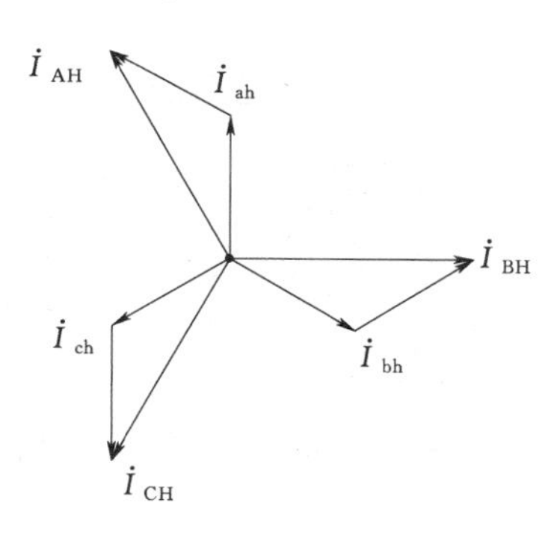

图 6.8 星接侧进行校正后的电流相量图

对本次故障而言，B 相与 C 相出现幅值相近、相位相反的差电流，还可能是 110kV 或 10kV 的 C 相绕组出现内部匝间短路故障。

重新对试验数据进行梳理分析，发现 110kV 绕组直流电阻虽然不平衡率并未超出相关规程要求的 2%的限值要求，但三相电阻的大小关系发生了变化。2016 年 5 月的试验数据显示在三个分接位置均为 $R_A>R_C>R_B$；但故障后的试验数据显示在 1 分接与 17 分接位置为 $R_C>R_A>R_B$；在 9 分接位置为 $R_A>R_C>R_B$，与故障前一致。可见，高压侧 C 相调压绕组直流电阻增大，由于在 1 分接与 19 分接位置同时增大，故排除了分接选择开

关和极性选择开关接触不良的可能性。综合分析判断，变压器 110kV 侧 C 相调压绕组发生放电损伤的可能性非常大。

6. 返厂检修情况

返厂解体检修发现，C 相调压绕组发生轴向波浪形变形，造成多匝线圈烧损，但相邻线匝间尚有约 2mm 左右的绝缘距离，如图 6.9 和图 6.10 所示。B 相 C 相之间的铁芯框内调压绕组波浪状轴线变形尤其明显，如图 6.11 所示。分接开关运行状况良好，未发现烧损或放电痕迹，如图 6.12 所示。

图 6.9 调压绕组整体变形情况图

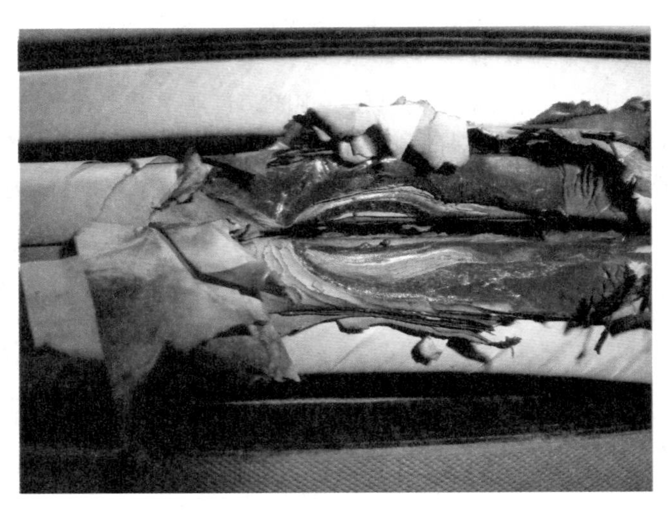

图 6.10 调压绕组局部变形情况

图 6.11 铁芯框内调压绕组变形情况

图 6.12 分接开关外观

7. 状态诊断过程注意点

（1）变压器故障诊断不能机械地套用相关标准规定的限值。标准规定的限值的最大意义是对制造厂的生产工艺和质量管控水平进行规范，若将其直接应用于设备故障诊断，往往导致故障漏判。

（2）变压器故障的深入分析需结合各种现场可得到的状态量进行综合分析，关联状态量同时出现异常，可以大致确定存在与之相关的缺陷。本案例中，绕组直流电阻与故障录播图同时指向C相调压绕组，从而正确地实现了故障预判。

（3）故障时的电气量录波记录信息往往能对故障判断起到关键作用。本案例通过差流录波信息，得到了故障与C相有关的结论，对后续深入分析诊断起到了关键作用。

（4）故障原因为短路产生的轴向电动力超出调压绕组的耐受能力，绕组段间鹤尾板间距过大是变形的主要因素。类似故障较为罕见，后续修复时，一方面重新调整了绕组安匝平衡，降低辐向（横向）漏磁通，从而减小轴线电动力；另一方面，将段间鹤尾板数量加倍，提升绕组线匝承受轴向力的能力。

6.3 绕组并联导线短路故障

【案例6.3】

1. 设备主要参数

型号：SFPZ9-150000/220

额定电压：(220±8×1.25%/38.5/10.5)kV

额定容量：150000kVA

联结组别：YNyn0d11

阻抗电压：13.88%

2. 设备运维状况

变压器2003年9月投运，变压器35kV侧曾遭受数次短路冲击。

2006年11月15日，总烃含量超标（193.83μL/L，乙炔含量为3.13μL/L，其他组分变化不大）。期间主变负荷为50～90MVA。供电单位缩短了色谱试验周期，进行跟踪监测。

从2007年开始，变压器负荷逐渐增加，7月份基本接近满负荷运行，短时出现过负荷。色谱分析总烃含量继续保持增长，但增长速率较慢，8月中旬期间增长趋势趋于平稳，总烃含量最高为968μL/L。

2007年8月14日开始，总烃含量急剧增长，8月29日总烃含量为4024μL/L，其中乙烯2353.3μL/L，乙烷401.67μL/L，甲烷1264.7μL/L，乙炔含量继续维持在1.9μL/L。

变压器除油中溶解气体外，其他常规例行试验未检测到异常。

变压器油中溶解气体增长趋势如图6.13～图6.15所示。

3. 诊断分析

变压器8月29日总烃达到4024μL/L，其中乙烯2353.3μL/L，乙烷401.67μL/L，甲烷

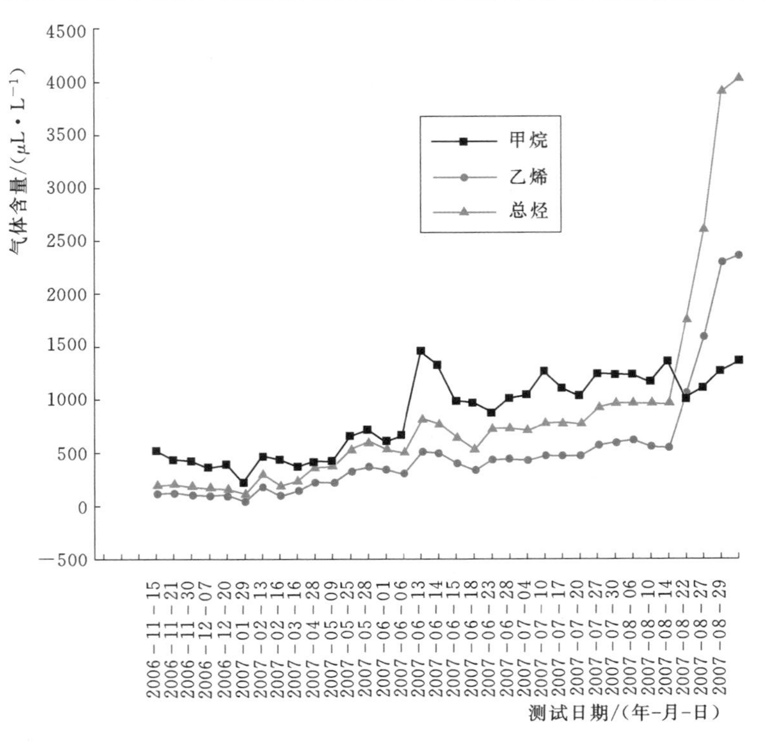

图 6.13　甲烷、乙烯、总烃增长趋势图

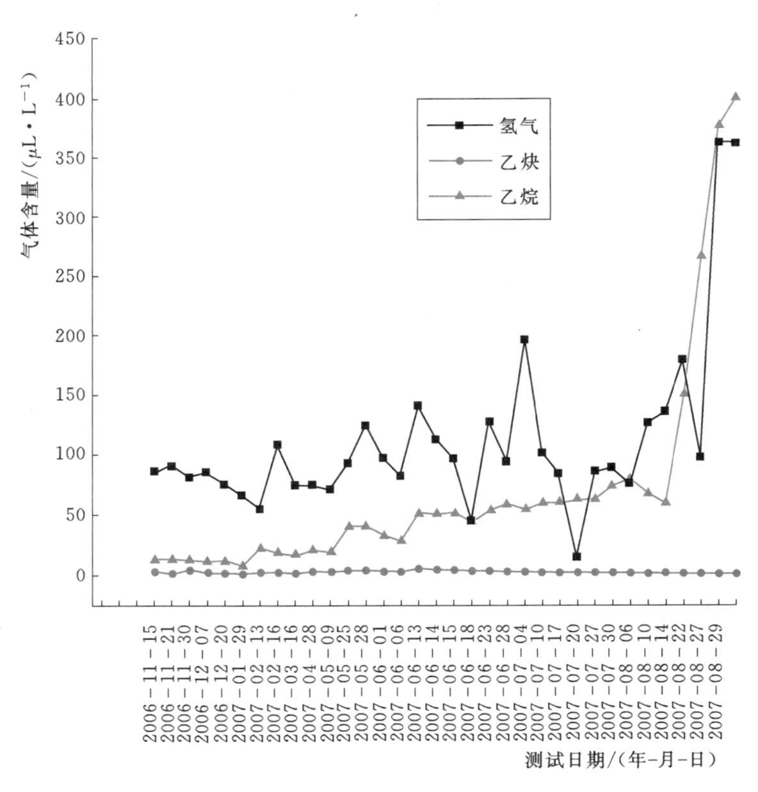

图 6.14　氢气、乙炔、乙烷增长趋势示图

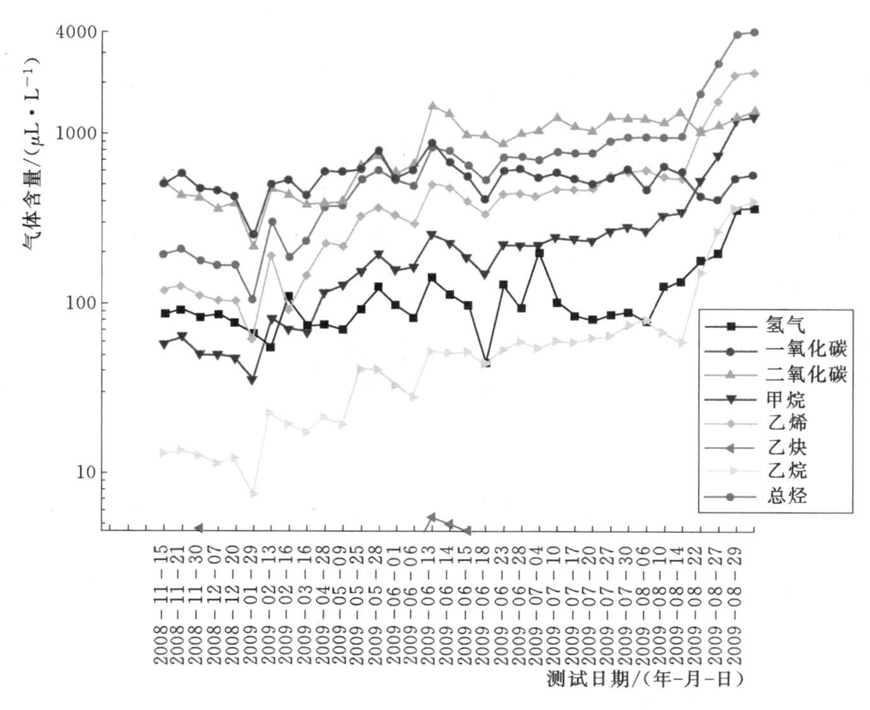

图 6.15　油中溶解气体色谱分析结果（纵轴为对数坐标）

1264.7μL/L，乙炔含量继续维持在 1.9μL/L，绝对产气率达到 11275mL/d，远远超出相关规程建议的 12mL/d 的绝对产气率注意值。根据热点计算公式 $T=322\lg\frac{C_2H_4}{C_2H_6}+525$ 可以推测变压器内部存在温度在 770℃左右的过热点。

进一步分析，油中溶解气体以乙烯与甲烷为主，而一氧化碳、二氧化碳、乙炔含量稳定。初步判断此过热性故障不涉及固体绝缘材料，怀疑变压器铁芯局部过热，继续运行引起绝缘故障的风险较大，因现场不具备处理条件，故决定将变压器返厂检修。

4. 检修情况

厂内解体后重点对铁芯进行了检查，拆除上铁轭，拔出绕组后，发现 B 相、C 相间下铁轭有一处明显的过热点（图 6.16），对上铁轭每片硅钢片进行检查，未发现放电痕迹。从下铁轭过热点上木垫板烧伤情况分析，此故障不足以造成 11275mL/天的产气量，判断铁芯中还存在局部过热点，为查找故障，对上铁轭进行回装，进行铁芯空载损耗试验，配合红外成像仪进行了测温。空载试验结果显示铁芯在相同磁通密度下的损耗与变压器生产过程中厂内试验数据基本一致，红外成像仪检测铁芯温升也未发现有明显的过热点，排除了铁芯存在其余过热点的可能，转而对绕组进行全面检查。将 220kV、35kV、10kV 绕组分离，检查发现 A 相 35kV 绕组换位处（S 弯）附近外层导线有受轴向力挤压变形现象（图 6.17）。进而对 35kV 三相绕组进行解体检查。发现 A 相 35kV 绕组 52 饼内侧第 2 和第 3 根并联导线在换位处有锯齿状烧伤痕迹，部分绝缘纸碳化；C 相 35kV 绕组圈 52 饼中 5 根换位处并联导线短路烧伤，其中 3 根烧伤严重，内壁撑条、饼间垫块被烧黑，如图

6.18 和图 6.19 所示。至此，变压器故障点被最终确认。

图 6.16 下铁轭过热点

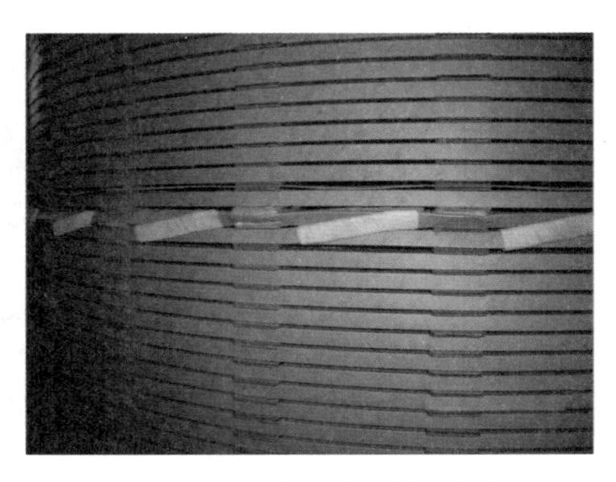

图 6.17 导线换位处轴向失稳

图 6.18 C 相 35kV 并联导线烧损

图 6.19 饼间垫块烧伤

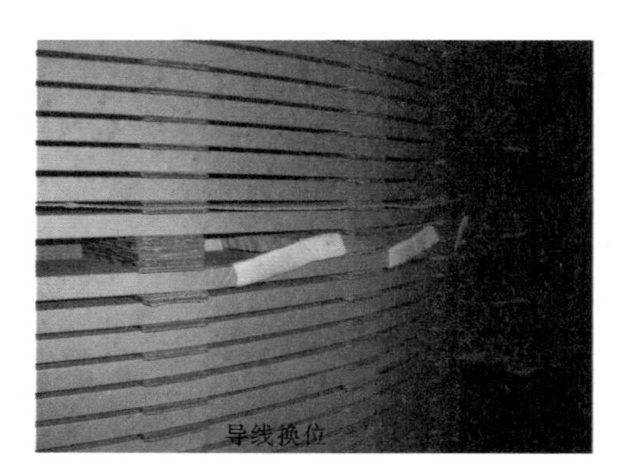

图 6.20 支撑垫块与支撑燕尾板

5. 状态诊断过程注意点

(1) 此变压器低压绕组为单螺旋式结构，标准“4-2-4”换位，导线换位处由于存在沿轴向的弯曲，在绕制过程中造成绝缘受伤，虽然加绕白布带以增强绝缘，显然未达到绝缘完好时的水平。同时换位处存在一饼的高度差，支撑层压纸板在轴向压紧力的作用下的形变量未能与燕尾板支撑的绕组保持一致（图 6.20），造成绕组沿轴向松动，在电磁振动的作用下，换位处长期摩擦引起绝缘损坏，造成并联导线之间的短路。由于轴向漏磁通沿着线圈辐向分布不同，每股导线所处的位置差异造成交链的漏磁通大小不等，因此并联导线间存在电位差。并联导线间发短路时，短路处接触电阻大，循环电流流经短路点导致过热，造成总烃超标。由于绕组故障涉及固体绝缘材料较少，且故障能量不大，绝缘材料轻微烧损，未能引起一氧化碳与二氧化碳含量发生显著变化，影响了最初对故障性质的分析判断。

(2) 并联导线之间的短路表现为过热性故障，且故障特征气体中一氧化碳与二氧化碳含量相对稳定，很难与铁芯过热相区别，现场遇到类似故障，需要分别对铁芯与绕组进行检查。

（3）从理论角度分析，铁芯叠片间的局部短路产生的热量应与负载无关。因为流经铁芯的为变压器励磁主磁通，仅与励磁电压相关，而并联导线间绝缘损坏所产生的环流仅与漏磁通有关，漏磁通由二次负载确定。因此，若现场能够判断绝缘油故障特征气体产气率与负荷正相关，且可以排除变压器导电回路电压连接不良（通过三相直流电阻大小关系进行判断，可达到较高的灵敏度），则可作为并联导线短路的一个判据。

6.4 绕组匝间短路故障

【案例 6.4】

1. 设备主要参数

型号：SFPZ9－150000/220

额定电压：(220±8×1.25%/121/10.5)kV

额定容量：150000/150000/45000kVA

联结组别：YNyn0＋d11

阻抗电压：高压-中压为 12.33%

中压-低压为 6.52%

高压-低压为 20.82%

2. 设备运维状况

站内 220kVⅠ段、Ⅱ段母线经母联联络运行，110kVⅠ段、Ⅱ段母线经母联 112 断路器联络运行，两台变压器并列运行，负荷率在 60%左右。本台变压器 220kV、110kV 中性点接地运行，另一台变压器 220kV、110kV 中性点不接地运行。

变压器 2004 年 4 月投运，各项电气试验指标均无异常，运行状况良好。

2011 年 6 月，110kV 线路发生 C 相接地故障，125ms 零序Ⅱ段保护动作，170ms 断路器跳闸，故障切除。204ms 变压器双套差动保护动作，三侧断路器跳闸。线路发生接地故障期间，变压器 110kV 侧 C 相接地电流约为 7kA，持续时间约为 170ms。

变压器上次油中溶解气体为氢气 38.07μL/L，二氧化碳 395.15μL/L，乙炔含量为 0μL/L。故障后油中溶解气体为氢气 170.98μL/L，二氧化碳 2949.28μL/L，乙炔 24.98μL/L。

变压器绕组、铁芯绝缘电阻、绕组直流电阻、绕组连同套管的介质损耗和电容量试验未见异常。

变压器电压比试验误差见表 6.9。

表 6.9　变压器电压比试验误差

分接位置	AB/A_mB_m	BC/B_mC_m	AC/A_mC_m
1	0.37	0.67	0.82
9	0.19	0.42	0.62
17	0.04	0.24	0.44

变压器故障前后110kV绕组直流电阻测试结果见表6.10。

表6.10 变压器故障前后110kV绕组直流电阻测试结果（换算至75℃） 单位：mΩ

试验日期	A	B	C
2014年4月	110.9	110.3	110.7
2016年6月	110.7	110.1	109.3

3. 诊断分析

从故障后油中溶解气体分析，很显然，放电特征气体氢气和乙炔突增，表明变压器内部发生了电弧放电。

现场高压试验人员先行开展的绝缘电阻、直流电阻、介损与电容量、电压比试验均未发现异常。

由于是110kV侧C相线路发生接地故障，继而引发变压器差动保护动作，怀疑变压器内部发生瞬时对地放电现象。鉴于常规试验未检测到异常，现场故障调查小组商议进一步开展局部放电试验，若无异常放电，计划恢复变压器运行。

然而，通过分析现场试验项目，发现不能排除变压器是否存在匝间短路故障，建议现场改变电压比测试方法。之前电压比试验是通过相间测试的方式开展的，即使110kV侧C相绕组存在匝间短路故障也检测不出来（励磁磁通可以通过另外一相以及旁轭构成回路，电压比不会发生变化），需进行单相电压比试验确认变压器绕组匝间绝缘状况。单相测试结果显示C相变比误差为9.32%，A相、B相电压比正常。显然，可以判定C相绕组铁芯磁路异常，至于是高压绕组还是中压绕组发生匝间短路尚不能确定。

中性点有效接地系统发生单相接地故障时，角接的10kV绕组对于零序电流等同于短路，因此，10kV绕组同样存在匝间短路的可能。为判断发生匝间短路的绕组是高压绕组、低压绕组还是平衡绕组，继续开展低电压短路阻抗试验。

（1）按照标准测试程序将110kV绕组三相短路，由220kV绕组施加励磁电压进行测试，短路阻抗误差均在1.6%以内，见表6.11。从而可得到两个结论：①变压器A相、B相220kV与110kV绕组未发生显著变形现象，但C相绕组可能存在局部变形（根据阻抗电压计算分析，阻抗电压增大，说明等效漏磁面积增大，等效漏磁面积增大，说明220kV绕组与110kV绕组之间的距离变大或绕组电抗高度降低）；②发生匝间短路的绕组为110kV（若10kV绕组发生匝间短路，则必然高压与中压绕组对间的C相阻抗电压要减小，等效电路图中，相等于110kV绕组的漏抗与10kV绕组漏抗并联后再与220kV绕组漏抗串联；若220kV绕组匝间短路，则阻抗电压会显著减小）。

（2）为进一步确认110kV侧C相绕组匝间短路故障，将220kV绕组三相短路，由110kV绕组励磁，再次进行阻抗电压测试，结果见表6.12。可见，C相阻抗电压误差达到−16.38%，显而易见，110kV侧C相绕组发生匝间短路。

（3）分析110kV侧C相绕组直流电阻测试数据，发现绕组三相直流电阻大小关系发生了改变，C相变小了。可见，三个判据同时指向110kV侧C相绕组匝间短路。

判定了变压器110kV绕组匝间短路，也就排除了变压器重新投运的可能。变压器返厂检修。

表 6.11　高压-中压绕组对短路阻抗（110kV 绕组三相短路，220kV 绕组励磁）

试验部位	高压-中压		
相别	A	B	C
铭牌值/%	12.33	12.33	12.33
诊断测试值/%	12.38	12.31	12.46
变化率/%	0.40	0.16	1.05

表 6.12　中压-高压绕组对短路阻抗（220kV 绕组三相短路，110kV 绕组励磁）

试验部位	中压-高压		
相别	A	B	C
铭牌值/%	12.33	12.33	12.33
诊断测试值/%	12.38	12.31	10.31
变化率/%	0.40	0.16	−16.38

4. 检修情况

（1）110kV 侧 C 相线圈从上端盖数第 38～48 饼间的区域轴向受压缩变形，41 饼、42 饼径向收缩，45 饼、46 饼两处匝间短路放电，并有大量游离炭黑，如图 6.21 所示。

（2）10kV 侧 C 相平衡线圈上端盖倾斜，从上端盖数到 48 饼之间线饼倾斜，导致饼间距离宽窄不一，如图 6.22 所示。

图 6.21　C 相中压绕组匝间短路

图 6.22　C 相低压绕组上压板倾斜

5. 状态诊断过程注意点

（1）开展变压器状态诊断试验时，变压比测试推荐采用单相测试的方法，可以灵敏地反映出测试绕组的磁路是否存在问题，不易发生误判。

（2）现场变压器诊断工作过程中，若怀疑绕组存在匝间短路故障，灵活利用低电压短路阻抗试验，结合最基本的变压器短路工作原理，可准确判定匝间短路绕组位置。

（3）关于直流电阻测试灵敏度的问题。对 110kV 绕组发生两匝匝间短路故障直流电阻变化率进行估算。

额定容量为 150000kVA，按式（2.6）估算铁芯柱直径为

$$P_W=\frac{(P_1+P_2+P_3)P_N}{2P_N}=\frac{P_1+P_2+P_3}{2}=172500(\text{kVA})$$

$$P'=\frac{P_W}{m_t}=\frac{P_W}{3}=57500(\text{kVA})$$

$$D=K\sqrt[4]{P'}=55\times\sqrt[4]{57500}=850(\text{mm})$$

铁芯柱有效截面积 $S=\frac{k}{4}\pi D^2=5501(\text{cm}^2)$，$k$ 为叠片系数，取0.97。

铁芯磁通密度选标准值1.73T，则匝电压为

$$e_t=\frac{BS}{45}=211.48(\text{V})$$

因此，110kV绕组匝数为

$$W=\frac{U_N}{e_t}=330$$

本案例解体分析结论为110kV侧A相绕组两匝短路，其直流电阻变化率为0.606%，可见，小于相关规程规定的2%的限值。

因此，得出以下结论：直流电阻标准限值对于判断110kV、220kV绕组匝间短路故障基本没有灵敏度（220kV绕组匝数粗略估算为110kV绕组的两倍，则其发生两匝绕组短路，直流电阻变化率为0.303%，远远小于2%的判断标准）。但若调压绕组发生匝间短路，则不适用此结论。

【案例6.5】

1. 设备主要参数

型号：SFPZ9-180000/220

额定电压：(220±8×1.25%/121/10.5)kV

额定容量：180000/180000/90000kVA

联结组别：YNyn0d11

空载电流：0.19%

阻抗电压：高压-低压为14.44%

2. 设备运维状况

变压器2007年5月投运，各项电气试验指标均无异常，运行状况良好。

2010年7月，变压器有载开关进行调压操作时，变压器本体差动保护、重瓦斯保护、压力释放阀动作，变压器三侧开关跳闸。

油中溶解气体为氢气278μL/L，乙炔208μL/L。

直流电阻试验、电压比试验、低电压短路阻抗试验和空载电流试验均显示异常。

(1) 直流电阻试验。低压绕组、中压绕组相间不平衡率满足要求，带有载调压开关的直流电阻测试显示高压A相10～17分接位置直流电阻比相应的1～8分接位置直流电阻普遍偏大25mΩ左右。从变压器220kV三相绕组内部中性点与有载分接开关连接处进行

主绕组直流电阻测试，无异常。从调压绕组引线处直接测试调压绕组直流电阻，不平衡率超注意值。测试数据见表6.13。

表6.13　直流电阻测试数据（高压绕组未接入调压绕组，油温40℃）　单位：mΩ

低压绕组	ac	ba	cb	不平衡率/%
	1.824	1.822	1.816	0.44
中压绕组	Am	Bm	Cm	不平衡率/%
	76.85	76.66	77.06	0.52
高压主绕组	A	B	C	不平衡率/%
	308.8	309.2	308.8	0.13
调压绕组	At	Bt	Ct	不平衡率/%
	43.49	40.24	38.86	11.3

（2）电压比试验。先后用三台变比测试仪进行了电压比测试，其中一台当进行到测试阶段时显示"错误"，无法进行测试。另两台变比仪测试结果一致，A相、B相在各分接位置存在17%左右的正偏差，BC、CA相变比基本不随分接位置变化。

（3）低电压短路阻抗试验。高压9分接对中压的低电压短路阻抗试验结果显示，A相阻抗电压为14.58%，与铭牌三相平均值14.44偏差为1%，满足小于±1.6%的要求，B相、C相阻抗电压分别为10.43%与10.58%，显著减小，与铭牌相比偏差超标。高压绕组1分接B相、C相阻抗电压分别为9.18%与9.26%，与9分接相比减小。测试数据见表6.14。

表6.14　高压对中压低电压短路阻抗测试数据

项目	阻抗电压/%			偏差/%	漏电感/mH			偏差/%
相别	AX	BY	CZ		AX	BY	CZ	
主绕组	14.58	10.43	10.58	35.0	127.42	88.50	90.15	38.1
全绕组	15.80	9.18	9.26	58.0	178.43	79.55	108.50	80.9

（4）测试结果表明三相空载电流严重异常，见表6.15。相对比较，A相励磁电流比B相、C相小20%左右。B相、C相激磁电压为56V时，电流已达到3.8A，如第2章所述，在1.1倍的额定励磁电压之内，可认为励磁电流与励磁电压呈线性关系，可见空载电流增大约75倍，严重异常。

表6.15　空载电流测试数据

励磁绕组	ac相	ab相	bc相
电压/V	70.9	56.14	56.21
电流/A	3.445	3.835	3.806
激磁电抗/Ω	20.5	14.49	14.67
备注	空载电流增大数十倍		

3. 诊断分析

从故障后油中溶解气体分析，很显然，放电特征气体氢气和乙炔突增，表明压器内部发生了电弧放电。

（1）低压绕组、中压绕组相间不平衡率满足要求，带有载调压开关的直流电阻测试显示 A 相 10～17 分接位置直流电阻比相应的 1～8 分接位置直流电阻普遍偏大 25mΩ 左右，判断有载分接开关副极性选择开关接触不良，现场检查发现 K 触头烧伤。由于极性选择开关烧伤，为保证高压绕组试验结果的正确性，现场将有载分接开关引线解开，直接从调压绕组引线进行直流电阻测试。测试结果表明高压绕组本体相间不平衡率 0.13%，合格。调压绕组电阻值分别为：A 相 43.49mΩ，B 相 40.24 mΩ，C 相 38.86 mΩ，不平衡率为 11.3%，严重超标，并且 A 相调压绕组距调压开关最近，引线最短，C 相调压绕组距调压开关最远，引线最长，但是 A 相直阻最大，C 相最小，初步怀疑 B 相、C 相调压绕组存在匝间短路。

（2）电压比异常，初步判断 B 相、C 相调压绕组匝间短路。

（3）高压 9 分接对中压的低电压短路阻抗测试结果显示 A 相阻抗电压为 14.58%，与铭牌三相平均值 14.44%偏差为 1%，满足小于±1.6%的要求，B 相、C 相阻抗电压分别为 10.43%与 10.58%，显著减小，与铭牌相比偏差超标。高压绕组 1 分接 B 相、C 相阻抗电压分别为 9.18%与 9.26%，与 9 分接相比减小，根据式（3.37），主漏磁空道增大，阻抗电压应增大，因此判断 B 相、C 相调压绕组存在匝间短路现象。

（4）空载电流测试结果表明三相空载电流均异常，相对比较，A 相励磁电流比 B 相、C 相小 20%左右，判断 B 相、C 相调压绕组匝间短路。

4. 检修情况

现场吊罩检查，发现 B 相、C 相绕组围屏鼓包，B 相比 C 相严重。现场解开 C 相围屏发现 C 相调压绕组轴向失稳，导线坍塌，下段调压绕组从底部数第 6 饼与 7 饼之间匝间短路，有铜屑。从 C 相调压绕组变形情况判断，还存在未看到的其他部位严重匝间短路，从 B 相绕组试验数据及围屏变形情况判断，B 相调压绕组损坏比 C 相严重，如图 6.23～图 6.26 所示。

图 6.23 B 相调压绕组短路变形

图 6.24 C 相调压绕组轴向变形匝间短路

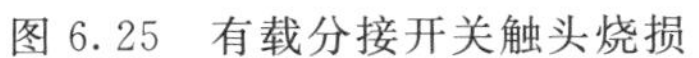

图 6.25　有载分接开关触头烧损

图 6.26　引线高温变黑

5. 状态诊断过程注意点

（1）B 相选择开关从 8 位置向 7 切换过程中，切换开关动作时间较产品说明书提前了 3.5 圈（572ms）（根据产品技术手册，切换开关应在 28 圈即 4590ms 动作，现场检查切换开关在 24.5 圈即 4008ms 动作），分接选择开关燃弧，造成 3 相调压绕组短路。

（2）电压比试验异常往往预示着绕组磁路异常，若伴随器身内部发生电弧放电，则往往预示着绕组发生了匝间短路。

第7章 绕组过热故障诊断案例分析

7.1 绕组过热故障概述

变压器中的有空载损耗和负载损耗转化为热量，一部分热量提高了绕组、铁芯及结构件本身的温度，另一部分热量向周围介质（如绝缘物、变压器油等）散出，使发热体周围介质的温度逐渐升高，再通过油箱和冷却装置对环境空气散热。当各部分的温差达到能使产生的热和散出的热平衡时，即达到了稳定状态，各部件的温度不再变化；反之，若某个部位的发热量大于预期值或散热量小于预期值，则不能达到发热和散热在规定的限值内平衡，这时就发生了过热现象。

变压器在运行过程中，涉及电、磁、热、力等多方面的作用，因此，导致变压器过热故障的原因也多种多样，其分类也不同，按发生部位可分为内部过热故障和外部过热故障。内部过热故障主要包括绕组、铁芯、油箱、夹件、拉板、无载分接开关、连接螺栓及引线等部件；外部过热故障包括套管、冷却装置、有载分接开关的驱动控制装置以及其他外部组件。绕组过热通常有以下的原因：

（1）变压器绕组漏磁场可分为轴向分量和辐向分量。轴向分量分布较简单，沿绕组高度变化较小；辐向分量沿绕组高度变化较大，由他引起的辐向涡流损耗分布很不均匀。由于辐向漏磁场最大值一般出现在绕组端部附近，因此，当绕组单根导体的截面尺寸选择不合适时，对于大容量或高阻抗变压器，其严重的漏磁场在绕组端部产生的局部涡流损耗可达直流电阻损耗的1倍以上，由于涡流损耗过分集中可导致绕组端部过热。

（2）由于绕组换位不合适，使漏磁场在绕组各并联导体中感应的电势不同，由于各并联导体存在电位差，因此，在他们之间产生环流。环流和工作电流在一部分导体里是相加，而在另一部分导体中是相减，被叠加的导体电流过大，引起过热。

（3）换位导线股间绝缘损伤后形成环路，漏磁通在其中产生环流，引起局部过热。

（4）处于较高温度下的绕组导体由于焊接质量不良，使焊接处接触电阻逐渐增大而引起该处过热或导体烧断。

（5）绕组匝间有小毛刺、漏铜点等的材料质量问题，虽然未完全短路，但也会形成缓慢发热，以致油温升高，最终产生过热现象。

（6）导线回路接头连接不良。如：低压绕组引出线与大电流套管的连接螺栓压接接头，由于压紧程度不足，造成接触电阻大，引起接线片及套管导流片烧损；高压绕组引出线的接线头没有与高压套管的导电头拧紧，由于接触电阻大，引起接线头和导电头烧焊在一起，或引线头与引出线的焊剂融化，使引线脱落；分接引线与绕组的引线接头焊接质量不良，引起分接引线在焊接处烧断等。

（7）绕组油道堵塞。为降低变压器损耗，通常在绕组设计制造中采用换位导线。当扁线绞编和匝绝缘包扎不紧实或因振动引发绕组导体松动时，会使采用换位导线的油浸变压器在运行一段时间后发生“涨包”，段间油道堵塞、油流不畅，匝绝缘得不到充分冷却，使之严重老化，以至发黄、变脆，在长期电磁振动下，绝缘脱落，局部露铜。

绕组过热故障通常电气特征比较明显，绝缘油中溶解气体色谱分析、直流电阻、空载损耗等试验均可能发现异常。

7.2 绕组过热故障

【案例 7.1】

1. 设备主要参数

型号：SFSZ9－63000/110

额定电压：(110±8×1.25%/38.5/10.5)kV

额定容量：63000/630000/31500kVA

联结组别：YNyn0d11

空载电流：0.7%

2. 设备运维状况

变压器 2006 年 10 月投运，各项电气试验指标均无异常，运行状况良好。

2011 年 6 月，变压器例行试验发现高压侧部分分接位置直流电阻不平衡率超注意值，试验数据见表 7.1。

表 7.1　高压绕组直流电阻试验数据（油温 55℃）

分接位置	直流电阻/Ω			不平衡率/%
	A 相	B 相	C 相	
1	0.336	0.3549	0.3389	5.51
2	0.332	0.3501	0.3334	5.35
3	0.3251	0.3441	0.3276	5.72
4	0.3195	0.3385	0.322	5.82

续表

分接位置	直流电阻/Ω			不平衡率/%
	A相	B相	C相	
5	0.3139	0.3328	0.3165	5.89
6	0.3087	0.3271	0.3109	5.83
7	0.3031	0.3035	0.3052	0.69
8	0.2974	0.2981	0.2997	0.77
9	0.2933	0.2915	0.2931	0.62
10	0.2976	0.2978	0.2991	0.50
11	0.3029	0.3034	0.305	0.69
12	0.3087	0.3088	0.3105	0.58
13	0.3141	0.3144	0.316	0.60
14	0.3195	0.3199	0.3217	0.69
15	0.3248	0.3439	0.326	5.76
16	0.3306	0.3494	0.3329	5.57
17	0.3358	0.3546	0.338	5.48

3. 诊断分析

将表7.1的三相直流电阻放在同一个坐标轴作图，可直观地看到直流电阻变化规律。如图7.1所示，A相与C相在17个分接位置的直流电阻均非常接近，而B相直流电阻在1～6分接与15～17分接比A相与C相平均值约高17mΩ左右。

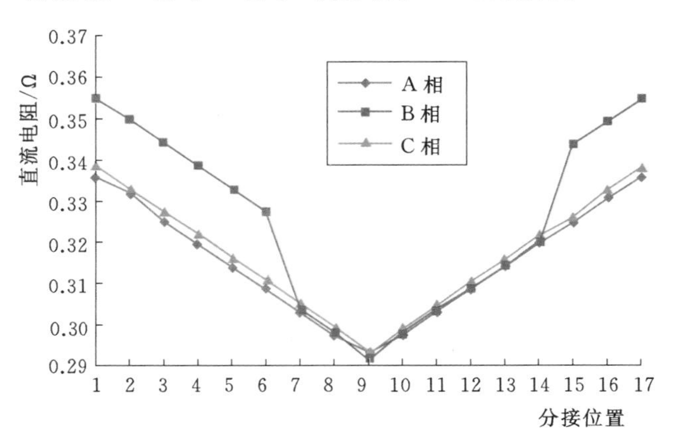

图7.1 高压侧直流电阻分布图

对于一个正常的带调压绕组的高压绕组，其直流电阻值基于额定分接位置应该是对称的。

图7.2～图7.5为一台MR公司生产型号为MⅢ600Y-123/C-10 19 3WR有载分接

开关切换过程示意图。

电力变压器调压方式一般均为正反调，其铭牌参数中额定电压部分“±8×1.25%”即表示有8个分接位置，采用正反调压的方式后，连同额定分接位置，共有17个分接挡位可选择。

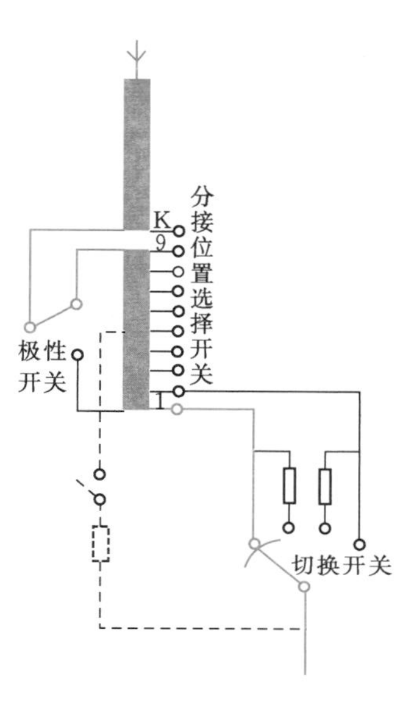

图7.2　分接位置1示意图

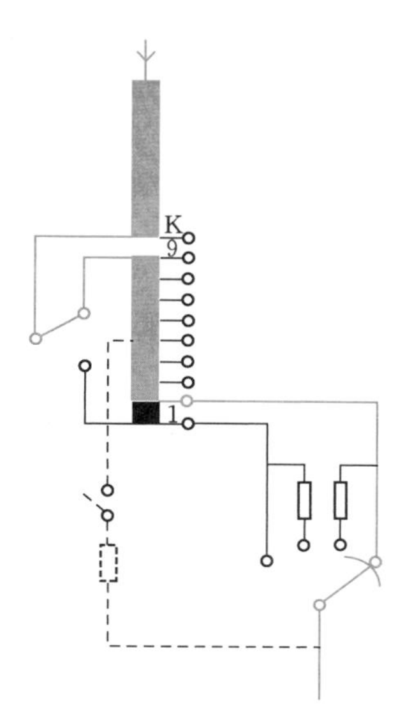

图7.3　分接位置2示意图

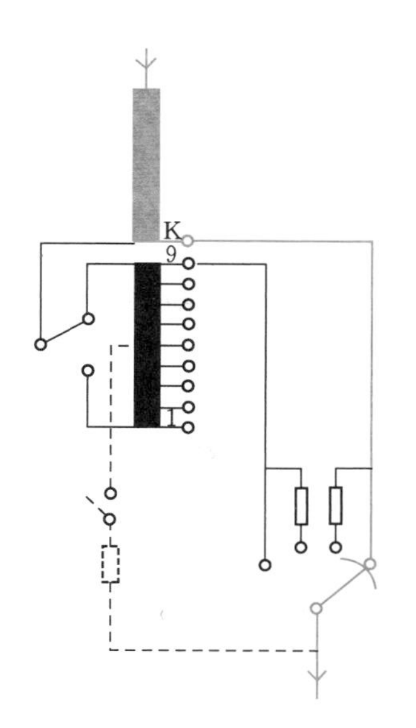

图7.4　分接位置9b示意图

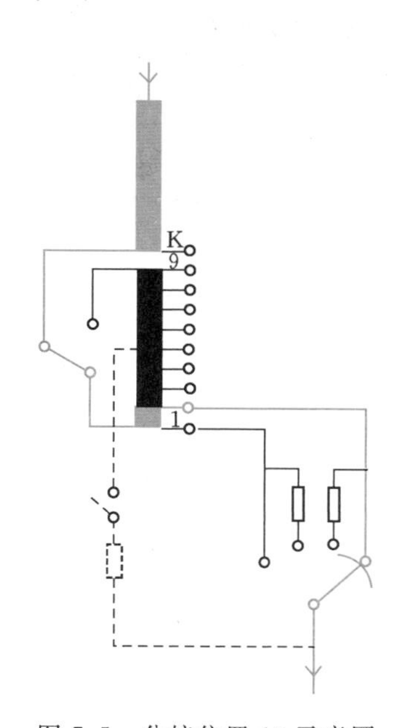

图7.5　分接位置10示意图

在测试直流电阻时，对于分接位置1～8，极性选择开关与图7.2中分接位置相连9；对于分接位置10～17，如图7.5所示，极性选择开关与分接位置1相连。由于调压绕组是由8段相同的导线并绕后，首位相连引出分接位置，因此，正常情况下，每一个分接的段直流电阻均为1段导线串联值，是相同的（实际的变压器结构设计中，为保证安匝平衡，通常将调压线段在绕组上半部与下半部对称布置，因此，实际的一个分接段直流电阻为上半段导线与对称布置的下半段导线并联的值）。

如图7.6所示的正反调分接位置与显示的分接位置的对应关系，分接位置1～8与分接位置10～17若其值差8，则表明其对应于同一个分接头抽头，如显示的分接位置6与显示的分接位置14对应于同一分接抽头6，显示的分接位置7与显示的分接位置15对应于同一分接抽头7。

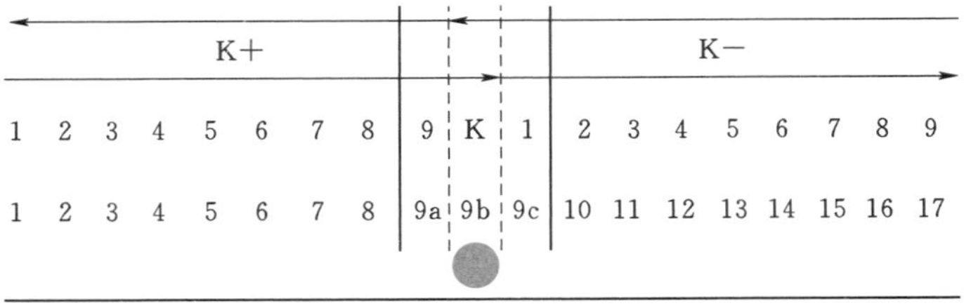

K+											K−							
1	2	3	4	5	6	7	8	9	K	1	2	3	4	5	6	7	8	9
1	2	3	4	5	6	7	8	9a	9b	9c	10	11	12	13	14	15	16	17

图7.6 正反调分接位置与显示的分接位置的对应图

图7.1中，高压侧直流电阻测试数据表明分接位置1～6直流电阻偏大，分接位置7～9正常，说明第6个分接段与第7个分接段引出线接触不良；15～17分接段直流电阻偏大，也说明第6个分接段与7个分接段引出线接触不良。

图7.7 引线压接部位松动

4. 检修情况

现场吊罩重点对分接段引线连接情况进行了检查，果然高压绕组B相调压线包至分接开关6、7引线压接部位松动，如图7.7所示，现场重新压接后，测试不平衡系数符合规程要求，缺陷消除。

5. 状态诊断过程注意点

（1）对于同一段分接绕组，正调和反调对应的分接位置有固定关系。掌握了此关系，就可以准确判断故障部位。

（2）如图7.1中所示，基于9分接位置对称的直流电阻分布的分接位置，如3分接与15分接（显示的分接位置之和为18的对应分接），虽然其直流电阻相同，但其实对应的并不是同一个分接段。如图7.2所示，3分接位置参与导流的分接段为3～8段（图中由分接位置1开展编号，调压线段共有8段）；如图7.5所示，15分接位置参与导流的为1～6段。

（3）一台导电回路正常的变压器220kV侧直流电阻分布如图7.8所示。

（4）一侧的切换开关发生导电回路接触不良的典型直流电阻分布如图7.9所示。

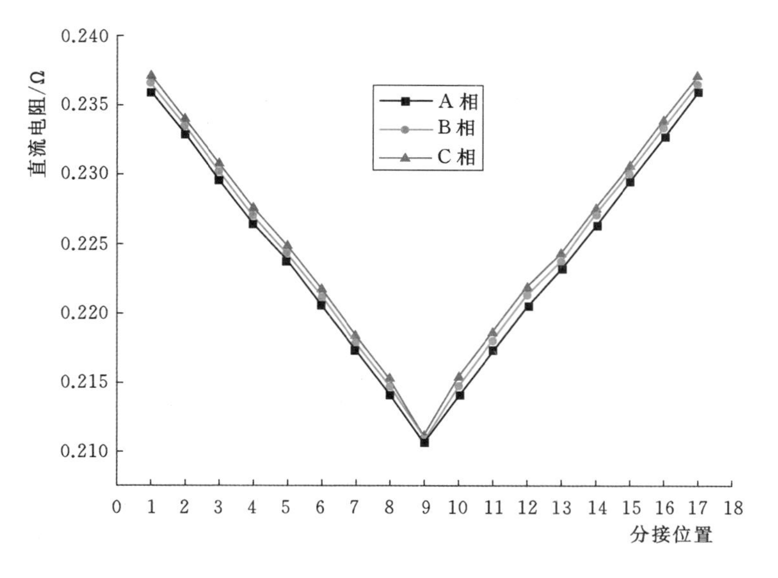

图 7.8 导电回路正常的变压器 220kV 侧直流电阻分布图

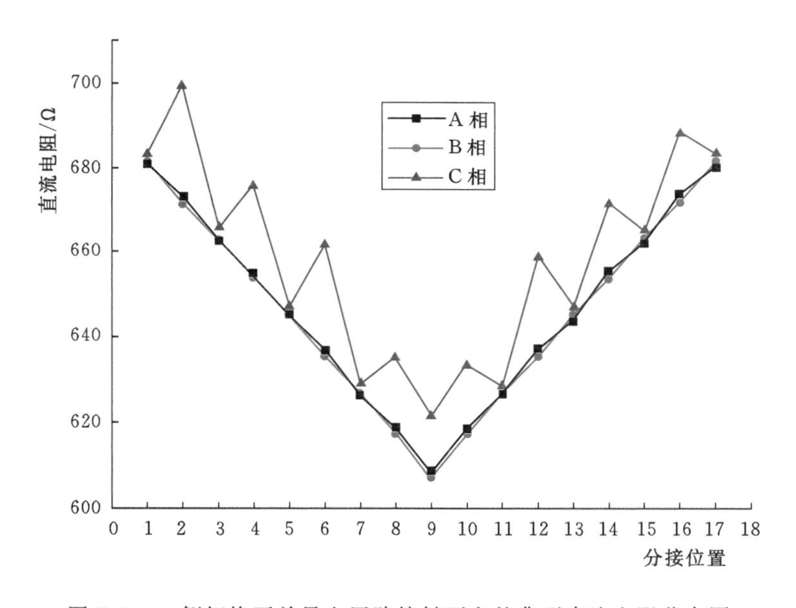

图 7.9 一侧切换开关导电回路接触不良的典型直流电阻分布图

(5) 一侧的极性选择开关导电回路接触不良的典型直流电阻分布如图 7.10 所示。

(6) 分接位置 5 选择开关动静触头接触不良的典型直流电阻分布如图 7.11 所示。

(7) 由于变压器正常工况下运行在分接位置 10 或分接位置 11，导电部位接触不良的部分未参与导电，因此，变压器油中溶解气体分析未检测到过热性特征气体。由此可见，任何测试手段都有其局限性，油色谱虽然对主变内部过热性与放电性故障非常敏感，但也有其运用条件。变压器油色谱分析未见异常，不代表变压器导电回路接触良好。

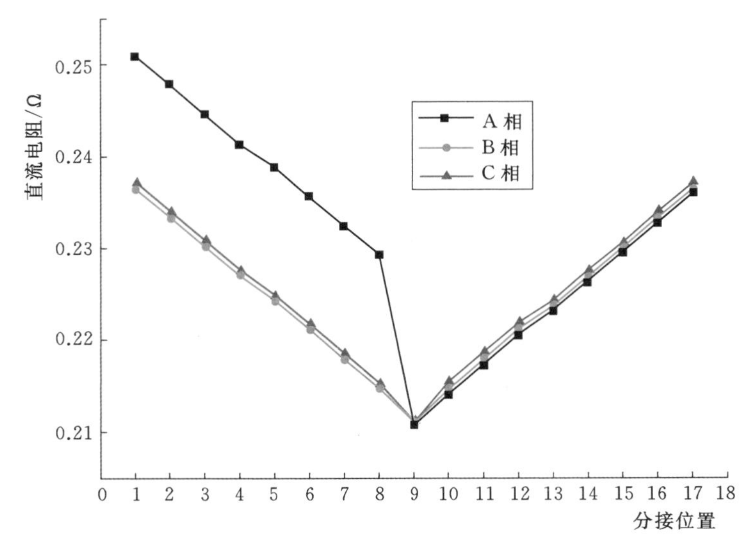

图 7.10 一侧的极性选择开关导电回路接触不良的典型直流电阻分布图

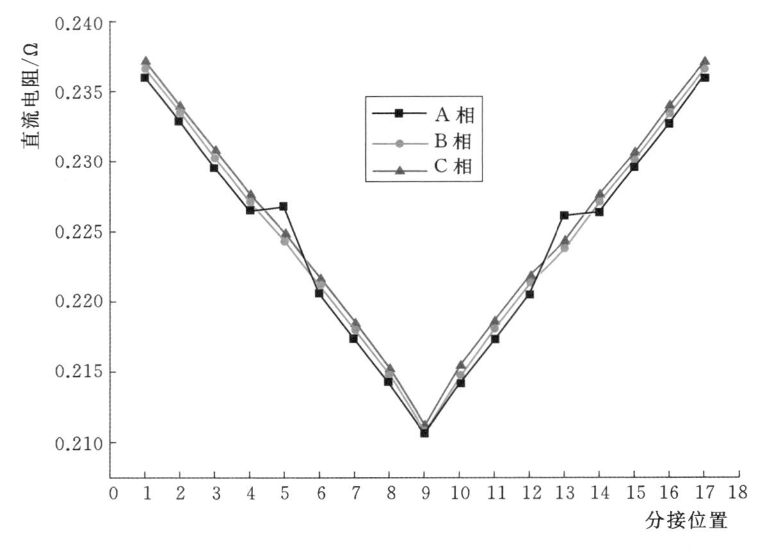

图 7.11 分接位置 5 选择开关动静触头接触不良的典型直流电阻分布

第8章 导磁回路过热故障诊断案例分析

8.1 导磁回路过热故障概述

当变压器处于额定或正常运行条件下，工作电流在设计阶段已经从发热和冷却各方面得到了有效控制，由磁路异常导致局部过热现象经常发生。若按部件划分，大致分为铁芯过热、铁芯拉板过热、油箱壁局部过热、金属构件螺栓过热等。

（1）铁芯过热故障。变压器铁芯局部过热是一种常见故障，通常是由于设计、制造工艺等质量问题和其他外界因素引起的铁芯多点接地或短路而产生。变压器正常运行时，绕组、引线与油箱间将产生不均匀的电场，铁芯和夹件等金属结构件就处于该电场中，由于他们所处的位置不同，因此，所具有的悬浮电位也各不相同，当两点之间的悬浮电位达到能够击穿其间的绝缘时，便产生火花放电。这种放电可使变压器油分解，长此下去，会逐渐损坏变压器固体绝缘，导致事故发生。为了避免这种情况，国家标准规定，电力变压器铁芯、夹件等金属结构件均应靠接地，使铁芯、夹件等金属结构件处于零电位。这样，在接地线中流过的只是带电绕组对铁芯的电容电流。对三相变压器来说，由于三相结构基本对称，三相电压对称，所以三相绕组对铁芯的电容电流之和几乎等于零，对于高电压、大容量的单相自耦变压器，夹件接地电流稍大，正常运行情况下，100mA左右的情况也比较常见。但当铁芯两点或两点以上接地时，则在接地点间就会形成闭合回路，并与铁芯内的交变磁通相交链而产生感应电压，该电压在铁芯及其他处于零电位的金属结构件形成的回路中产生数十安的电流或环流，由此可引起局部过热，导致油分解并产生可燃性气体，还可能使接地片熔断或烧坏铁芯，导致铁芯电位悬浮，产生放电。

（2）铁芯拉板过热故障。大型变压器铁芯拉板是为保证器身整体强度而普遍采用的重要部件，通常采用低磁钢材料，由于其处于铁芯与绕组之间的高漏磁场区域中，因此，易于产生涡流损耗过分集中的问题，严重时会造成局部过热。采用的低磁钢拉板错用了导磁钢板材料，漏磁场在铁芯拉板中感应的涡流和涡流损耗过大，导致铁芯拉板局部过热。实际运行经验表明，铁芯拉板不开通槽或者开槽数量不合适，绕组辐向漏磁场在对应绕组上、下端部附近的铁芯拉板边缘或端部感应的涡流过大，引起局部过热以及低压大电流引线漏磁场和绕组漏磁场共同作用，在铁芯拉板端部边缘引起局部过热较为常见。

（3）涡流集中引起的油箱局部过热故障。对于大型变压器或高阻抗变压器，由于其漏磁场很强，若绕组平衡安匝设计不合理或漏磁较大的油箱壁或夹件等结构件不采取屏蔽措施或非导磁钢板错用成普通钢板，将使漏磁场感应的涡流失控，引起油箱或夹件等的局部过热。

（4）处于漏磁场中的金属结构件之间的连接螺栓过热现象。当变压器铁芯拉板和夹件均为低磁钢板时，由低压引线漏磁场在铁芯拉板与夹件腹板之间的导磁钢连接螺栓中，产生的环流或涡流的集肤效应使接触不紧实的螺栓边缘（如螺纹、螺帽与腹板接触面邻近位置）出现局部烧黑、烧焦现象。此外，变压器漏磁场在上、下节油箱连接螺栓中引起的过热更为常见。由于绕组漏磁场一部分与铁芯形成闭合路径，另一部分经过油箱壁形成闭合回路，当漏磁通通过上、下节油箱交界处时，由于空气的磁阻大，大量的漏磁通通过导磁较好的连接螺栓，使得螺杆内的磁通密度很高，并在螺杆中感应出很大的涡流，从而造成连接螺栓严重过热，甚至烧红，使得密封胶垫被烧坏和变压器渗漏油。

导磁回路过热缺陷，一般通过空载试验均可发现问题，但有些故障类型与导电回路过热有时较难区分，如变压器绕组并联导线间的短路，在漏磁通作用下，短路线匝局部回路产生较大的环流，短路处高温引起绝缘纸碳化，但由于电磁线匝绝缘厚度为亚毫米级，这绝缘油中一氧化碳与二氧化碳含量往往没有较大的变化，而空载试验也往往检测不出来，与高压绕组轻微导电回路接触不良故障很难区分，实际诊断工作中需特别注意。

8.2 导磁回路过热故障

【案例 8.1】

1. 设备主要参数

型号：SFPZ10－180000/220

额定电压：(220±8×1.25%/121/10.5)kV

额定容量：180000kVA

联结组别：YNyn0d11

2. 设备运维状况

变压器2009年8月生产，2010年3月投运，主变有功负荷维持在10万kW左右。2010年6月13日110kV线路发生单相接地故障，重合成功。

2011年9月，例行试验发现变压器铁芯与夹件之间绝缘电阻低，2500V兆欧表显示“0”，用万用表测试为5.6Ω。由于供电负荷紧张，主变随即投入运行。测得铁芯接地电流为9A，确定铁芯与夹件之间绝缘损坏，形成多点接地。为防止故障点劣化加速，保障变压器安全运行，在变压器铁芯接地引下线中串接1200Ω电阻，铁芯接地电流降至50mA，满足规程规定的不大于100mA的要求。

2012年9月，用电容器放电的方法对铁芯与夹件放电冲击，绝缘不良缺陷依然没有消除，主变继续监视运行至2013年3月。

2013年3月，制造厂技术人员配合供电局对变压器行了现场钻孔检查，未找到故障部位，主变继续监视运行至2014年6月。期间变压器绝缘油中溶解气体跟踪监测情况见表8.1。

表8.1　　变压器绝缘油中溶解气体跟踪监测情况　　单位：μL/L

取样日期	氢气	一氧化碳	二氧化碳	甲烷	乙烷	乙烯	乙炔	总烃
2011年3月12日	21.64	23.50	249.06	2.90	0.56	3.37	0.20	7.03
2011年6月3日	46.32	38.74	236.8	9.09	2.82	8.93	0.15	20.99
2011年9月15日	36.12	31.44	330.74	13.08	4.72	11.90	0.00	29.71
2011年12月13日	60.96	39.96	274.30	13.00	5.25	12.64	0.00	30.89
2012年3月2日	62.77	14.31	5.26	14.31	5.26	12.68	0.00	32.25
2012年6月14日	40.84	39.31	330.01	13.27	0.00	13.42	5.30	31.99
2012年9月14日	93.26	51.39	294.89	15.72	5.41	13.41	0.00	34.54
2012年12月14日	95.90	52.81	311.70	16.46	5.13	12.65	0.00	34.23
2013年3月17日	1.99	4.50	84.27	0.83	0.65	1.02	0.00	2.50
2013年3月19日	2.16	3.82	124.01	0.61	0.00	0.92	0.00	1.53
2013年3月19日	2.67	6.56	147.93	0.80	1.03	1.12	0.00	2.95
2013年3月22日	3.17	6.31	155.78	0.88	0.00	1.19	0.00	2.07
2013年3月28日	4.21	14.22	255.36	2.76	7.09	1.53	0.00	11.38
2013年4月16日	4.56	18.80	281.11	1.27	0.00	1.55	0.00	2.82
2013年6月19日	10.09	63.58	477.25	2.87	0.82	2.10	0.00	5.79
2013年8月17日	20.42	80.61	563.89	3.67	0.00	2.09	0.00	5.76
2013年9月6日	14.9	72.90	599.6	3.37	0.98	2.05	0.00	6.40
2013年12月19日	23.88	82.18	622.33	3.57	0.84	2.08	0.00	6.49
2014年3月5日	27.27	74.21	706.02	3.68	0.00	2.06	0.00	5.74
2014年6月11日	45.46	83.97	740.66	4.08	0.00	2.22	0.00	6.30

3. 诊断分析

从绝缘油中溶解气体色谱分析结果判断，2011年9月之后，由于环流已被限制到50mA，因此未检测到气体组分明显异常。

器身内部的铁芯、夹件绝缘不良缺陷经电容放电未能消除，判断此部位接触稳定，漏磁通经大地-铁芯引出线-铁芯-接触部位-夹件-夹件引出线-大地构成闭合回路，产生环流。由于漏磁通与变压器负荷正相关，铁芯接地电流随负荷大小变化，在4～9A之间波动。

在变压器铁芯及地回路串接1200Ω电阻，铁芯接地电流降至50mA，在忽略铁芯与夹件接触电阻的情况下，可以估算闭合回路感应电势为60V，此感应电势由漏磁通产生。未进行限流时，最大接地电流为9A，可以估算接触电阻6.7Ω，此闭合回路产生的最大功率损耗为540W。由表8.1可见，在2011年3—9月期间，由于存在过热点，1号主变总烃增长较为明显，在2011年9月采取限流措施后，主变色谱监测值稳定，烃类气体没有明显增长趋势。

变压器漏磁通估算如下。

此变压器设计参数为：中压绕组匝数278匝，中压绕组电抗高度1.850m。则

$$B_m=\frac{1.78IW\rho}{H_K}\times10^{-4}=0.21(\mathrm{T})$$

根据变压器运行记录：当变压负荷为12万kW时，环流为9A。

因此，12万kW（取功率因素0.9）时的漏磁为0.156T。

假设此漏磁完全穿越上述大地-铁芯引出线-铁芯-接触部位-夹件-夹件引出线-大地构成闭合回路，则可以估算出回路等效面积为1.28m²，折算为圆形其半径则为0.63m。分析可能的故障部位有铁芯叠片与底部垫脚接触、两侧旁柱接地屏与夹件接触。

4. 检修情况

为缩小故障排查范围，断开铁芯主级挡中心连接片，如图8.1所示，通过电阻值试验测量方法，确定了夹件和铁芯的连接电位置位于低压侧1/4块位置，即铁芯的最小挡和夹件之间有连接。因此，重点对低压侧最小挡铁芯和夹件间进行了检查。经检查发现B相下夹件位置，小挡铁芯片有落片，落片和垫脚处连接，如图8.2所示。现场恢复小挡铁芯片到原来位置，并在夹件绝缘间增加撑板，增大夹持力，如图8.3所示。用2500V绝缘摇表测量，铁芯与夹件间绝缘电阻恢复到2500MΩ。

图8.1 断开铁芯油道连接片

图8.2 低压侧B相有落片和垫脚连接

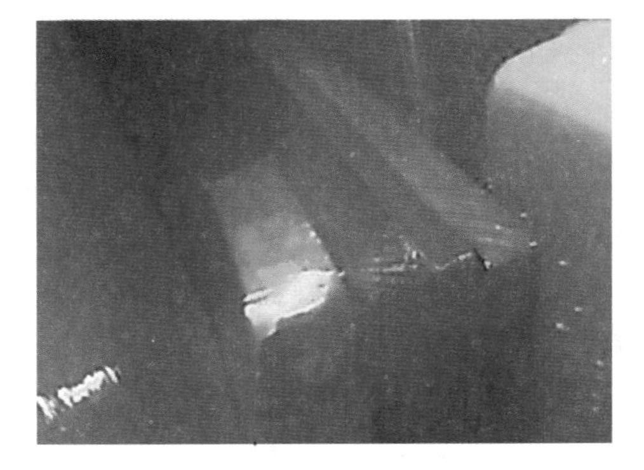

图8.3 处理后恢复正常状态

5. 状态诊断过程注意点

（1）绝缘油中溶解气体分析，虽然各组分均处于限值之内，通过比较，在铁芯多点接地期间，总烃变化率明显偏高。

（2）虽然故障点发热功率仅540W，但由于发热点较小，故障部位温度已达甲烷和乙

烷显著增大的温度，即局部温度已达到400℃左右。

【案例8.2】

1. 设备主要参数

型号：SFZ9-40000/110

额定电压：(110±8×1.25%/38.5/10.5)kV

额定容量：40000/40000/40000kVA

联结组别：YNyn0d11

空载损耗：37.29kW

空载电流：0.65%

2. 设备运维状况

变压器于2004年8月1日出厂，2005年1月27日投入运行。2012年6月在滤油过程中变压器本体进水，投运后跳闸。于2012年7月返厂大修，整体干燥并更换全部绕组。2012年9月重新投运。

变压器35kV与10kV均给煤矿供电，输电通道环境恶劣，线路跳闸频繁。

从2013年6月起，氢气、甲烷、一氧化碳、二氧化碳、总烃等气体含量增长明显。2013年9月，氢气含量超注意值，并检出3.5μL/L的乙炔。供电单位进行油中溶解气体跟踪监测，乙炔、甲烷、一氧化碳、二氧化碳、总烃气体含量保持缓慢增长。2015年3月遭受近区三相短路冲击，乙炔含量增长到35.01μL/L。变压器油中溶解气体跟踪监测情况见表8.2。

表8.2　　变压器油中溶解气体跟踪监测情况　　单位：μL/L

取样日期	氢气	一氧化碳	二氧化碳	甲烷	乙烷	乙烯	乙炔	总烃
2013年6月18日	53.00	345.32	893.24	14.16	0.00	1.83	0.00	15.99
2013年9月7日	157.61	700.56	1602.31	21.85	3.23	3.78	3.50	28.86
2013年12月1日	165.04	741.35	1769.36	24.64	3.42	4.64	3.85	36.55
2014年3月5日	192.78	558.74	1333.65	29.18	4.20	6.70	10.27	50.35
2014年6月6日	226.81	616.63	1536.11	34.50	2.71	8.34	10.52	56.07
2014年9月9日	364.05	1190.92	3501.32	54.02	7.23	12.64	15.78	89.67
2014年12月19日	273.06	898.15	2227.60	50.85	7.01	11.66	12.73	82.25
2015年3月20日	433.50	1091.85	2116.17	66.06	7.98	16.22	35.01	125.27

变压器介质损耗及电容量、直流泄漏电流、绝缘电阻、绕组直流电阻、电压比、低电压短路阻抗试验均无异常。

3. 诊断分析

利用三比值法对油中溶解气体色谱进行分析判断，2015年3月20日之前，变压器内部存在低能放电现象，2015年3月20日的试验数据表明变压器内部发生电弧放电。与其遭受近区三相短路冲击的情况相吻合。

利用大卫三角法判断，2015年3月20日之前，变压器内部存在低温过热现象，2015

年3月20日的试验数据表明变压器内部发生电弧放电。

变压器油中一氧化碳与二氧化碳含量及其比值如图8.4和图8.5所示。

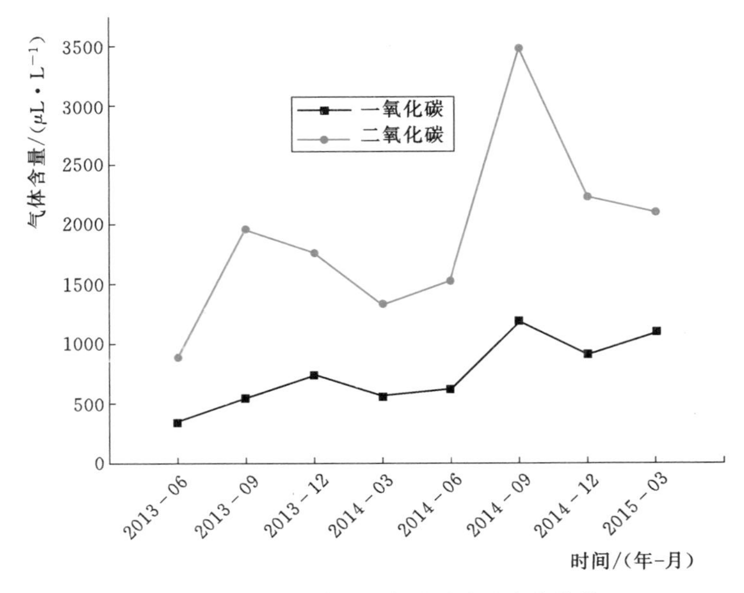

图8.4 一氧化碳与二氧化碳含量变化趋势

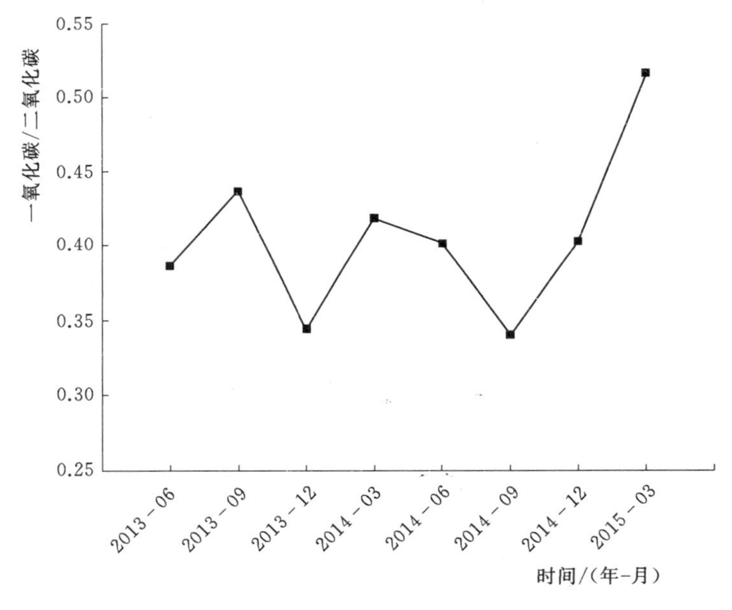

图8.5 一氧化碳与二氧化碳比值

分析一氧化碳与二氧化碳含量变化，其与变压器遭受短路冲击相吻合，一氧化碳的含量增长后趋于稳定，然后逐步下降。

鉴于变压器其余常规例行试验均未检测出明显异常，判断变压器绕组机械状态无异常、绝缘无异常。

油中乙炔产生的原因为变压器遭受短路冲击过程中漏磁通产生的感应电压导致结构件对地放电。

参考图 8.6 所示哈特斯气体分压-温度关系图，分析油中溶解气体变化趋势（图 8.7），发现符合 200℃左右的低温过热特征，且此低温过热现象始终存在，此低温过热缺陷似乎与固体绝缘关系不大。

综合分析，推测变压器导磁回路异常。可能原因是短路冲击引发变压器磁回路损耗异常增大。变压器返厂检修。

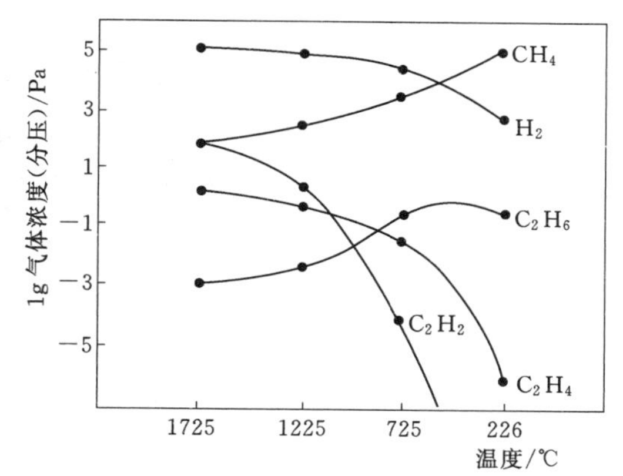

图 8.6 哈特斯气体分压-温度关系图

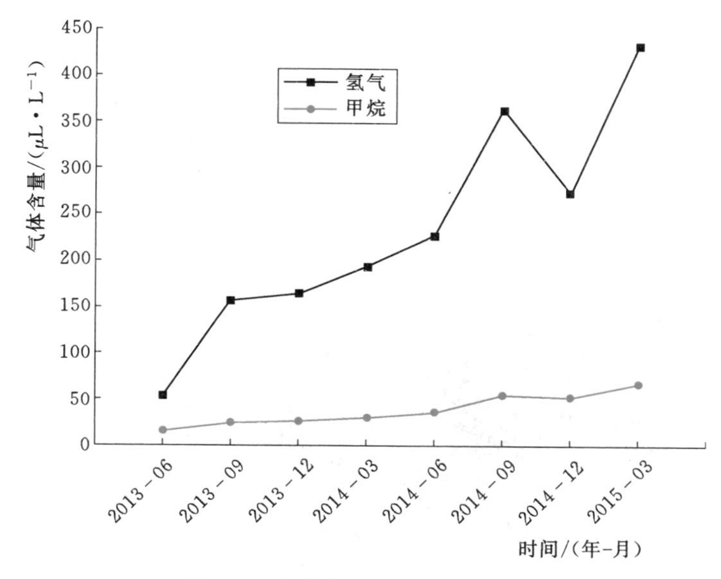

图 8.7 氢气与甲烷含量变化趋势

4. 检修情况

由于怀疑导磁回路异常，变压器反制造厂后首先进行了复装，开展了额定电压下空载电流与空载损耗试验，试验结果见表 8.3。

表 8.3 变压器返厂后空载试验结果

励磁绕组	电压有效值/kV		空载电流		空载损耗/kW	
	平均值	有效值	有名值/A	百分值/%	实测值	校正值
abc	10.50	10.67	21.25	0.97	51.044	50.218

由表 8.3 可见，与变压器铭牌值相比，空载电流增大了 49.2%，空载损耗增大了 34.6%。很显然，变压导磁回路严重异常。

解体检查发现，靠近铁芯柱的围屏由于铁芯过热，已变色；铁芯存在过热的现象，铁芯中柱接缝处局部严重过热，出现大片硅钢片漆膜损坏及退火现象，如图 8.8 和图 8.9 所示。

图 8.8　硅钢片漆膜损坏

图 8.9　硅钢片退火

5. 状态诊断过程注意点

(1) 油中溶解气体分析，当各组分反应的电气特征不是非常明显时，需利用多种判断方法综合判断，仔细甄别。本次故障，由三比值法判断为低能放电，由大卫三角法判断为低温过热。检修结果为铁芯片漆膜损坏导致的涡流损耗异常增大，为过热性故障。

(2) 变压器出厂试验空载试验结果与返厂复测差异较大，分析为以下原因：①上次检修时，对硅钢片进行过两次的插拔操作，必然导致附加损耗系数增大；②变压器频繁遭受短路冲击，铁芯柱受到电动力反复冲击，造成片间绝缘磨损加速，致涡流损耗异常增大。

第 9 章 附件故障案例诊断案例分析

9.1 附件故障概述

在变压器组件中，分接开关和套管的故障率最高。两者相比之下，分接开关的故障率又要高于套管的故障率。同时，储油柜渗漏或卡滞、呼吸器堵塞等也时有发生。

分接开关是带传动装置的有载调压或无励磁调压变压器的调压部件。有载调压分接开关要在高电压和大电流下频繁动作。分接开关的故障主要分机械故障和电气故障两大类：机械故障包括自然磨损、异常磨损、运转失效、机械疲劳损坏或经受外力作用所导致的部件损坏；电气故障包括由短路电流引起的电弧熔蚀或由于触头接触不良引起的异常发热、燃弧放电以及雷击或异常过电压所造成绝缘油性能劣化乃至绝缘击穿。机械和电气故障的最终结果均可导致分接开关失灵甚至调压绕组烧毁。按照分接开关的故障部位统计，由于有载调压分接开关电动机构部件较多，所以其故障形式以电动机构部件故障最为常见。按照故障原因统计，有设计和工艺制造两方面：设计方面，由于未配置电位束缚电阻，导致极性选择开关切换过程中悬浮电位放电较为常见；工艺制造方面，由于装配工艺不良导致的位移、拒动、连动以及由传动齿轮加工精度不够导致的开关运转失常或损坏相对较多。

套管的故障主要体现在端部密封不严，绝缘受潮，引发电容屏击穿甚至瓷套爆炸；电容屏绕制工艺不良，屏间长期存在局部放电现象，导致绝缘油劣化、介质损耗增大；末屏接地不可靠，长期悬浮放电导致整个电容屏放电击穿等。

呼吸器堵塞在北方地区的冬春交替季节较为常见，积雪部分消融造成覆冰，堵塞主油箱储油柜或有载调压开关储油柜呼吸器，当温度回暖，冰突然消融，往往导致油流涌动，造成变压器本体重瓦斯或有载调压开关重瓦斯误动作。

9.2 附件故障

【案例9.1】

1. 设备主要参数

型号：SSZ11－40000/110

额定电压：(110±8×1.25%/38.5/10.5)kV

额定容量：40000/40000/40000kVA

联结组别：YNyn0d11

有载分接开关型号：VCVⅢ－500Y/72.5－10193W

2. 设备运维状况

变压器于2012年10月出厂，2013年3月投入运行。日常负荷维持在29MW左右。运行中无异常。

2014年11月，上级集控中心对变压器进行远方分接开关调整挡位操作，在由9分接位置到10分接位置调整过程中，变压器本体差动保护动作，三侧断路器跳闸。二次差动电流为A相0.58A、B相0.03A、C相0.57A。

(1) 故障前后变压器油中溶解气体分析情况。故障前后变压器绝缘油中溶解气体跟踪监测结果见表9.1。

表9.1 变压器绝缘油中溶解气体跟踪监测结果 单位：μL/L

取样日期	氢气	一氧化碳	二氧化碳	甲烷	乙烷	乙烯	乙炔	总烃
2014年4月24日	20.99	318.35	1314.05	5.93	5.21	2.56	0	13.7
2014年11月13日	121.93	455.22	1674.98	25.81	3.37	23.36	52.78	105.32

(2) 变压器有载调压控制回路检查情况。有载调压装置操作电源一相保险烧毁。更换保险后，调挡正常。

(3) 故障前后高压侧直流电阻测试情况。故障前后变压器高压侧绕组相电阻见表9.2和表9.3。

表9.2 故障前变压器高压侧绕组相电阻（折算到20℃） 单位：mΩ

分接位置	A相	B相	C相	分接位置	A相	B相	C相
1	677.4	676.9	678.8	10	612.6	613.1	614.4
2	667.4	668.0	669.7	11	621.1	622.0	623.8
3	657.9	658.7	660.5	12	630.4	630.9	632.8
4	648.9	649.7	651.3	13	639.6	640.7	642.1
5	639.3	640.7	641.9	14	648.9	649.9	651.3
6	631.3	631.1	632.8	15	658.1	658.4	660.4
7	621.6	621.8	623.4	16	667.4	667.3	670.0
8	614.0	612.6	614.4	17	677.3	676.7	678.8
9	601.8	601.9	603.0				

表 9.3　故障后变压器高压侧绕组相电阻（折算到 20℃）　单位：mΩ

分接位置	A 相	B 相	C 相	分接位置	A 相	B 相	C 相
1	661.2	674.2	676.4	10	603.5	609.5	611.6
2	659.3	665	666.9	11	605	618.8	621
3	660.3	655.8	658.3	12	613.8	628	629.8
4	649	646.6	648.8	13	623.7	637	638.9
5	640.1	637.3	639.1	14	633.7	646.1	647.9
6	627.5	627.9	630.2	15	642.7	655.1	656.7
7	617.8	618.7	620.5	16	652.5	664.2	665.9
8	609.8	609.4	611.7	17	661	673.5	675.2
9	597.4	598.8	600.4				

（4）故障后电压比试验情况。故障后高压-中压、高压-低压电压比试验见表 9.4 和表 9.5。

表 9.4　故障后高压-中压电压比试验

分接位置	额定变比	实测变比			电压比误差/%		
		A	B	C	ΔA	ΔB	ΔC
9	2.857	2.7315	2.861	2.861	−4.39	0.14	0.14

表 9.5　故障后高压-低压电压比试验

分接位置	额定变比	实测变比			电压比误差/%		
		AC	AB	BC	ΔA	ΔB	ΔC
9	10.476	9.998	10.490	10.489	−4.564	0.134	0.124

（5）故障后低电压短路阻抗试验情况。故障后变压器额定分接位置的三个绕组对间低电压短路阻抗试验结果见表 9.6。

表 9.6　故障后低电压短路阻抗试验结果

测试位置	高压-低压	高压-中压	中压-低压
铭牌阻抗 Z_K/%	18.22	9.95	6.73
测试阻抗 Z_{KA}/%	8.77	6.17	5.29
阻抗误差 ΔZ_{KA}/%	−51.87	−37.95	−21.33
测试阻抗 Z_{KB}%	18.23	9.96	6.68
阻抗误差 ΔZ_{KB}/%	0.08	0.13	−0.64
测试阻抗 Z_{KC}/%	18.31	9.99	6.73
阻抗误差 ΔZ_{KC}/%	0.51	0.37	0.09
相间互差/%	52.10	38.24	27.22
漏电感 L_A/mH	83.21	58.74	6.21
漏电感 L_B/mH	175.51	95.85	7.87
漏电感 L_C/mH	176.31	96.10	7.93

（6）故障后绕组频响特性测试情况。故障后变压器绕组频响特性试验如图9.1～图9.3所示，相关频响曲线相关系数见表9.7～表9.9。

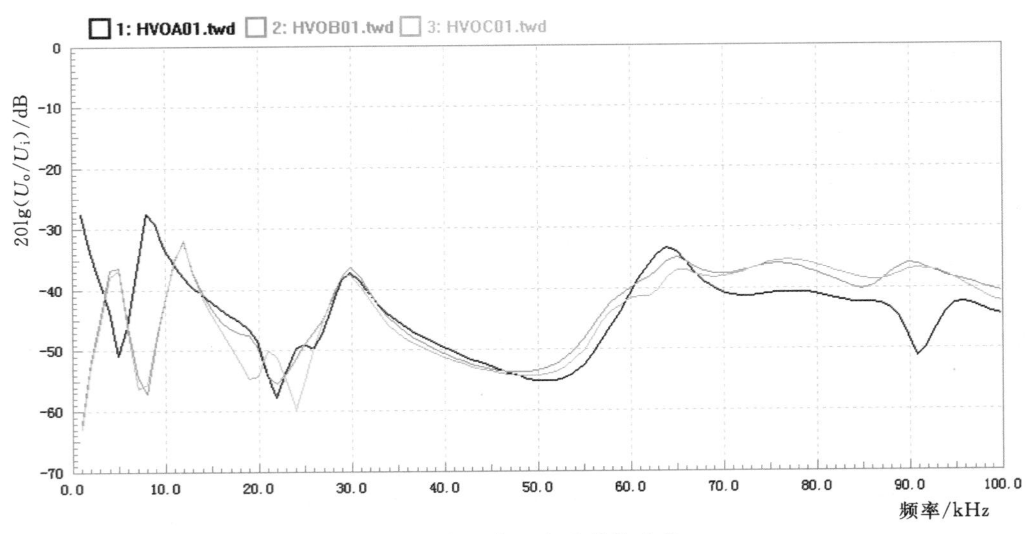

图9.1 高压绕组频响特性曲线

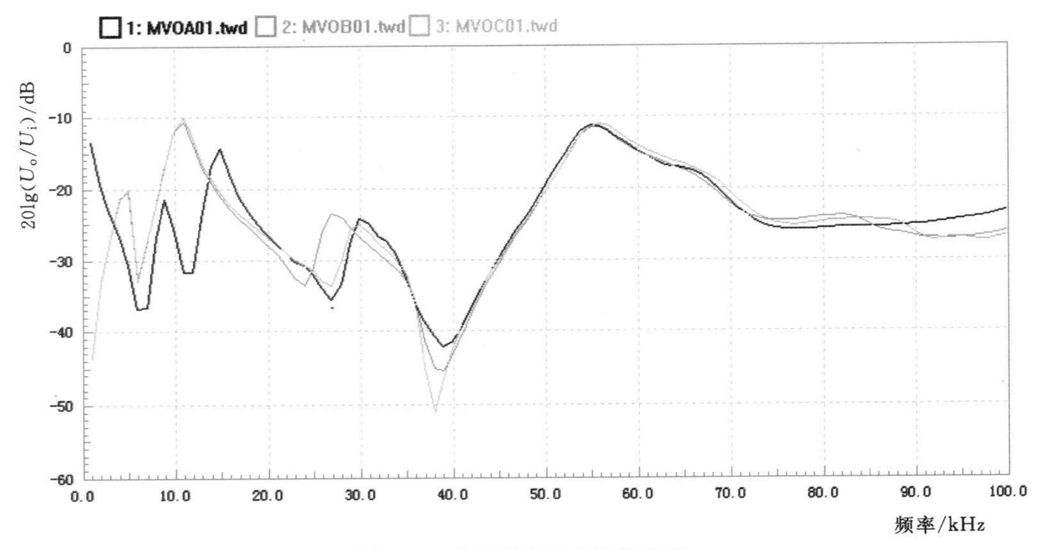

图9.2 中压绕组频响特性曲线

表9.7 变压器高压绕组频响曲线相关系数

相关系数	低频段	中频段	高频段
R_{21}	0.267	1.336	1.904
R_{31}	0.256	1.374	1.872
R_{32}	1.518	1.877	2.700
备注	低频段：1～100kHz 中频段：100～600kHz 高频段：600～1000kHz		

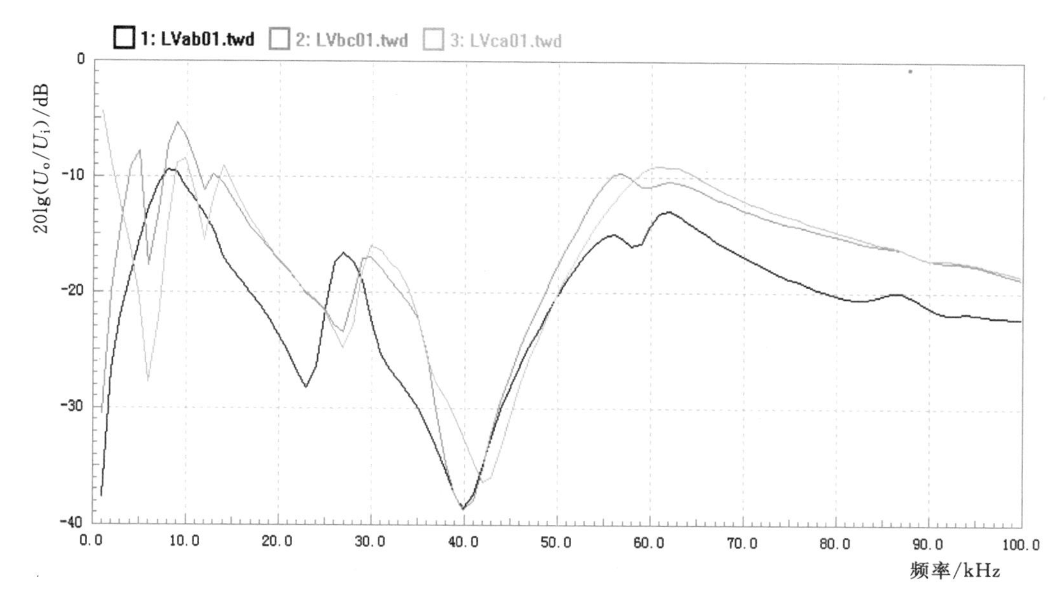

图 9.3 低压绕组频响特性曲线

表 9.8 变压器中压绕组频响曲线相关系数

相关系数	低频段	中频段	高频段
R_{21}	0.547	1.680	2.451
R_{31}	0.600	1.605	2.729
R_{32}	1.611	2.222	2.793
备注	低频段：1～100kHz 中频段：100～600kHz 高频段：600～1000kHz		

表 9.9 变压器低压绕组频响曲线相关系数

相关系数	低频段	中频段	高频段
R_{21}	1.054	0.272	1.541
R_{31}	0.461	0.318	1.105
R_{32}	0.751	1.968	1.547
备注	低频段：1～100kHz 中频段：100～600kHz 高频段：600～1000kHz		

3. 诊断分析

（1）油中溶解气体分析。故障前后两次油中溶解气体分析结果显示，故障后氢气、乙烯和乙炔含量发生突变，表明变压器内部发生电弧放电。而有载分接开关轻重瓦斯无发信，表明故障点处于变压器主油箱内。

（2）高压侧绕组直流电阻分析。对表 9.2 和表 9.3 数据绘图，结果如图 9.4 和图 9.5 所示。

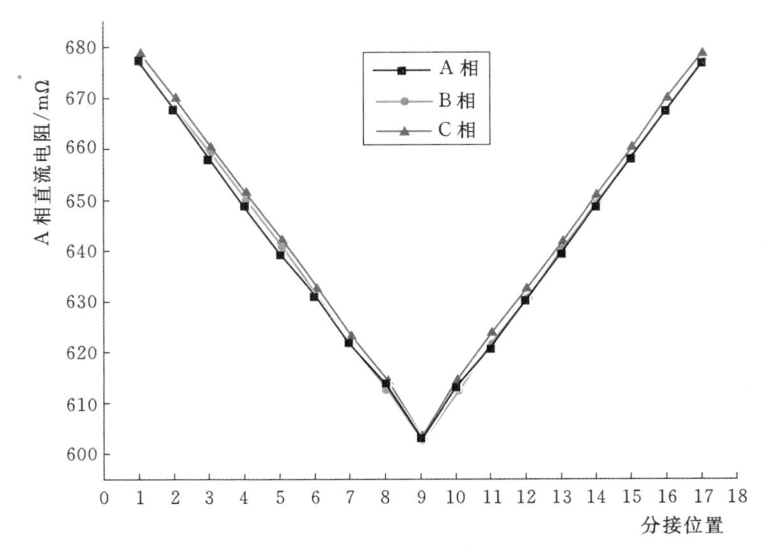

图 9.4 故障前高压侧直流电阻分布图

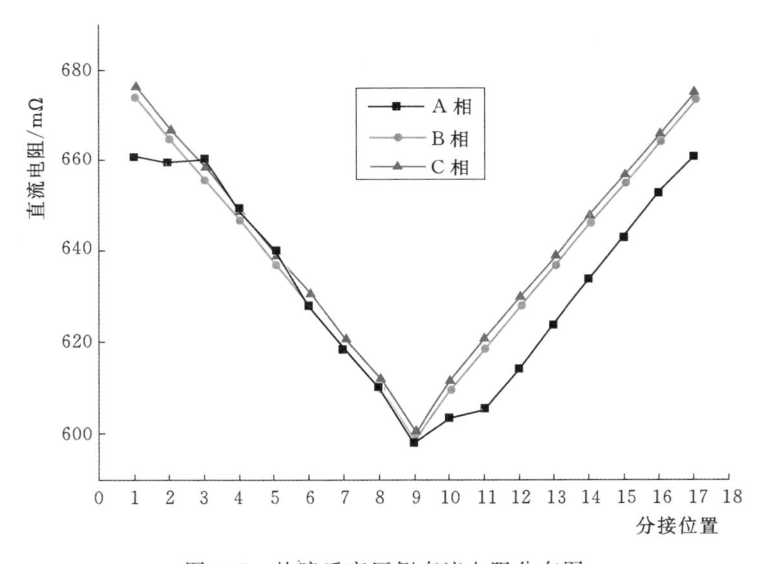

图 9.5 故障后高压侧直流电阻分布图

由图 9.4 可见，故障前，高压绕组三相直流电阻分布呈“V”形分布，表明其载流回路状况良好。故障后，如图 9.5 所示，高压 A 相直流电阻分布呈典型的调压绕组第一分接段与第二分接段短路时的特征，即正调状态下从分接位置 3 开始直阻恢复正常，反调位置从 10 分接开展直流电阻均减小。由此判断，110kV 侧 A 相调压绕组发生匝间短路。

（3）电压比试验分析。在额定分接位置，不接入调压绕组的情况下，电压比减小，误差达到－4.93%。在调压绕组匝间短路状态下，电压比测试误差分析涉及的物理量较多，简要定性分析如下。

有载分接开关处于额定分接位置，调压绕组与高压绕组主线圈之间没有电气联系，由于调压绕组存在短路匝，这时开展 220kV 绕组与 110kV 绕组间的电压比试验，相当于给变压器开展以高压绕组主线圈为一次绕组，调压绕组短路匝为二次绕组的低电压短路阻抗试验。为简化分析，如图 9.6 所示，分别用 1、2、3、4 表示高压线圈主绕组、中压绕组、低压绕组与调压绕组，用 X_{K12} 表示高压线圈主绕组与中压绕组之间的短路阻抗。

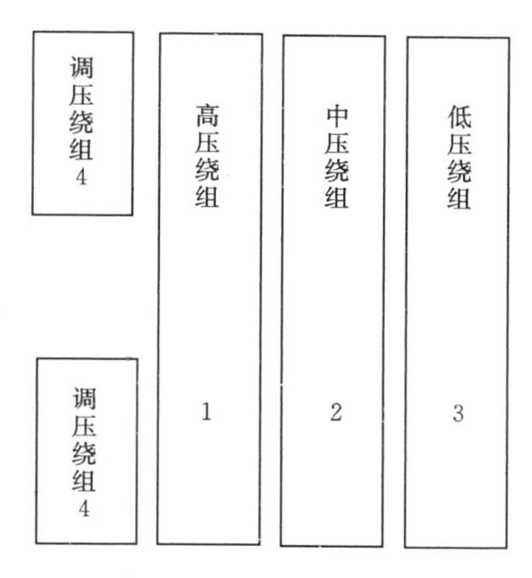

图 9.6 绕组分布示意图

如表 9.6 所示，故障后低电压短路阻抗测试结果表明 L_{K12} A 相为 58.74mH，B 相为 95.85mH，C 相为 96.10mH。故障前 A 相 L_{K12} 可取 B 相与 C 相平均值 95.975mH。

如前所述，故障后 A 相 58.74mH 的漏电感为 L_{K12} 与 L_{K14} 并联值，经简单计算，可得 L_{K14} 为 151.4mH，则 $X_{K14}\%$ 为 $9.95\%\times\dfrac{151.4}{95.975}=15.7\%$。

同理，经计算可得 $X_{K24}\%$ 为 31.5%。

由式（1.59）估算电压调整率，即

$$\varepsilon_{12}=\varepsilon_{r12}\cos\theta_2+\varepsilon'_{r123}\cos\theta_3+\varepsilon_{x12}\sin\theta_2+\varepsilon'_{x123}\sin\theta_3+\frac{1}{200}(\varepsilon_{x12}\cos\theta_2+\varepsilon'_{x123}\cos\theta_3-\varepsilon_{r12}\sin\theta_2-\varepsilon'_{r123}\sin\theta_3)^2$$

在忽略电阻分量和二次方项之后，可表示为

$$\varepsilon_{12}=\varepsilon_{x12}\sin\theta_2+\varepsilon'_{x123}\sin\theta_3$$

由于绕组 2 为开路状态，因此电压调整率进一步简化为

$$\varepsilon_{12}=\varepsilon'_{x123}\sin\theta_3$$

$$\varepsilon_{123}=\frac{\varepsilon_{12}+\varepsilon_{13}-\varepsilon_{23}}{2}=\frac{0.0995+0.157-0.315}{2}=-0.029$$

可见，电压调整率为负值，这就定性地解释了为什么在额定分接位置变比误差为负值，也是 A 相调压绕组存在匝间短路故障的第二判据。

（4）绕组频响特性曲线分析。频率响应法的测试原理如图 9.7 所示。在绕组的一端输入扫频电压信号 $\dot{U}_i$，同时检测不同扫描频率下绕组两端的对地电压信号 $\dot{U}_i$ 和 $\dot{U}_o$，计算其传递函数 $H(j\omega)$ 为 $H(j\omega)=20\lg[\dot{U}_o(j\omega)/\dot{U}_i(j\omega)]$，以频率为横轴，传递函数值为纵轴描绘成曲线来判断变压器绕组变形。

如果绕组发生了轴向、径向尺寸变化等变形现象，势必会改变网络的 C_d、C_K、L 等分布参数，导致其传递函数 $H(j\omega)$ 的零点、极点以及相位角分布发生变化，达到判断绕组变形的目的。

变压器设计时，在 50Hz 及其附近频率处不会产生谐振，因此在低频段，线圈是感性的。

当频响特性曲线低频段（1～100kHz）的谐振峰发生明显变化时，通常预示着绕组的电感变化或发生整体变形现象。因为频率较低时，绕组的对地电容及饼间电容所形成的容抗较大，而感抗较小，如果绕组的电感发生变化，势必会导致其频响特性曲线低频部分的

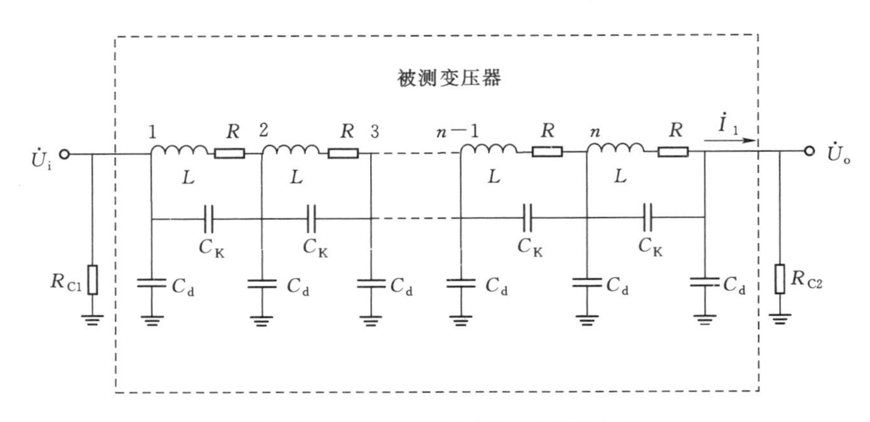

图 9.7 绕组频响特性试验检测原理图

C_d—绕组对地电容；C_K—绕组饼间电容；L—绕组电感；R—绕组电阻；R_{C1}、R_{C2}—匹配电阻

谐振峰频率左右移动。

当频响特性曲线中频段（100～600kHz）的谐振峰发生明显变化时，通常预示着绕组发生扭曲和鼓包等局部变形现象。因为在此频率范围内，绕组的分布电感和电容均发挥作用，其频率响应特性具有较多的谐振峰，故而根据其各个谐振峰频率的变化情况能够较灵敏地反映出绕组分布电感、电容的变化情况。

当频响特性曲线高频段（>600kHz）的谐振峰发生明显变化时，通常预示着绕组的对地电容改变。因为在高频条件下，绕组的感抗增大，基本被饼间分布电路所旁路，故对谐振峰变化的影响程度相对较低，基本以电容的影响为主。由于绕组饼间电容通常较大，故对地电容的改变（如绕组整体位移或分接开关引线的对地距离发生变化）是造成该频段内频响特性曲线变化的主要因素。

由图 9.1 可见，在低频段高压 A 相频响曲线上移 36dB，低频段频响曲线相应峰谷差减小，低频段与 A 相绕组的相关系数均较低；由图 9.2 可见，在低频段高压 A 相频响曲线上移 30dB，低频段频响曲线相应峰谷差减小，低频段与 A 相绕组的相关系数均较低；由图 9.3 可见，在低频段高压 A 相频响曲线上移 30dB，低频段频响曲线相应峰谷差减小，低频段与 A 相绕组的相关系数均较低；由图 9.3 可见，由于变压器为星角 11 点接线，ac 相为 A 相，ac 相频响曲线在低频段上移 30dB，低频段频响曲线相应峰谷差减小。三侧绕组的频响特性曲线均反映出 A 相调压绕组匝间短路。

综合分析，判断变压器 A 相调压绕组匝间短路。变压器返厂检修。

4. 检修情况

(1) A 相极性选择开关触头电弧灼伤严重，如图 9.8 所示。

(2) A 相极性选择开关切换调板中间位置存在 3 个电弧灼伤点，如图 9.9 所示。

(3) A 相调压绕组引出线匝间短路损坏，变形严重，绕组围屏破损，如图 9.10 和图 9.11 所示。

(4) 故障发生的原因分析。极性选择开关在由正极性切换至负极性过程中，由于此分接开关耐受偏移电压的水平低，且未配置电位束缚电阻，切换开关动触头对换调板中间位置放电，引起了调压绕组短路，导致调压绕组变形损坏，如图 9.10 和图 9.11 所示。

图 9.8 极性选择开关触头烧损

图 9.9 切换调板中间位置电弧灼伤

图 9.10 调压绕组引出线匝间短路损坏

图 9.11 绕组围屏破损

原因是在极性选择器动作时，调压绕组将瞬间与主绕组脱开，并取得一个电位，其大小决定于主绕组的电压和调压绕组与主绕组之间以及调压绕组对地部分之间的耦合电容。调压绕组两端的电位与开断前电位之差称为偏移电压，即调压绕组对地的最大电压。偏移电压产生的原理示意如图 9.12 所示。

而此变压器配置 VCVⅢ-500Y/72.5-10193W 型分接开关，制造厂出厂技术说明书显示，其承受偏移电压的能力为 15kV。

偏移电压计算式为

$$U_{r+}=\frac{C_1}{C_1+C_2}\times\frac{U_{HV}}{2\sqrt{3}}+\frac{U_{TV}}{2\sqrt{3}}$$

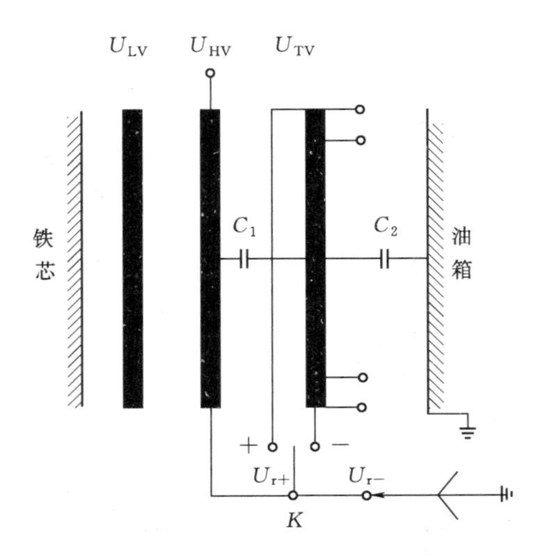

图 9.12 调压绕组偏移电压产生示意图

U_{LV}—低压绕组相电压；U_{HV}—主绕组相电压；U_{TV}—调压绕组相电压；C_1—主绕组和调压绕组之间的耦合电容；C_2—调压绕组对油箱之间的耦合电容；U_{r+}—主绕组末端对调压绕组首端的偏移电压；U_{r-}—主绕组末端对调压绕组末端的偏移电压

$$U_{r-}=\frac{C_1}{C_1+C_2}\times\frac{U_{HV}}{2\sqrt{3}}-\frac{U_{TV}}{2\sqrt{3}}$$

变压器电容进行测试表明 A 相 $C_1=2.81\text{nF}$，$C_2=2.15\text{nF}$。

经简单计算可得 $U_{r+}=21.1\text{kV}$、$U_{r-}=15.0\text{kV}$。可见，在极性选择开关切换过程中，主绕组末端对调压绕组首端的偏移电压已达到 21.1kV，超出其 15kV 的最大耐受能力，导致极性选择开发动触头对 K+静触头放电。

为防止类似故障重复发生，将此变压器的有载分接开关更换为耐受偏移电压能力为 35kV 的分接开关。

5. 状态诊断过程注意点

(1) 三个独立试验均指向 A 相调压绕组匝间短路，大大增大了正确判断的概率。

(2) 绕组发生匝间短路，其整体电感将会明显下降。对应到频谱图，频率响应曲线在低频段将会向衰减减小的方向移动，即曲线上移 20dB 以上；同时由于 Q 值下降，频谱曲线上谐振峰谷间的差异将减少；而中频和高频段的频谱曲线与正常线圈的图谱差异不大。

(3) VCVⅢ型有载分接开关在正常绝缘结构设计的 110kV 电力变压器 110kV 中性点使用时，必须加装电位束缚电阻。

第10章 综合故障诊断案例分析

10.1 综合故障概述

变压器综合故障可能同时涉及变压器导电回路、导磁回路、散热回路、电应力（绝缘）回路等的异常，涉及的关联电气试验量可达数十个，对诊断人员技术要求较高。对于综合性故障，仅凭对单一的试验项目（如油中溶解气体色谱分析试验、直流电阻试验、电压比试验、低电压短路阻抗试验、绕组频率响应特性试验、介质损耗角正切值测量等）进行分析，往往不能做出正确判断，需对现场能收集到的试验数据进行综合分析，才可达到准确判断绕组状况的目的。同时，各试验项目均存在局限性，有自己的适用范围。

1. 油中溶解气体色谱分析试验

油中溶解气体色谱分析是判断变压器是否发生内部放电的最直接有效的方法，但需要注意试验方法。DL/T 572—2010《电力变压器运行规程》要求："装有潜油泵的变压器跳闸后，应立即停油泵"。因此，电力变压器遭受短路冲击后，故障特征气体仅在油中自然扩散，若取样部位距故障部位较远的话，一般需24h以上，所取油样才能真实反映故障特征。

例如，某110kV变压器故障跳闸后，试验人员第一时间取油样进行油中溶解气体色谱分析，未检出乙炔，当时判断变压器内部未发生放电。次日再次取油样复核，发现乙炔达到60μL/L，确认变压器内部放电。可见，静置时间的长短直接影响试验结果。

2. 直流电阻试验

直流电阻试验是常规预防性试验中缺陷检出率较高的试验项目之一，对于低压绕组匝间短路、引线接触不良、有载分接开关触头接触不良等故障有效。以典型电压组合为(220±8×1.25%/38.5/10.5)kV电力变压器为例，其35kV绕组通常在100匝左右，若相邻两匝线饼短路，其相间直流电阻变化率为（100－99)/100＝1%，虽未达到相关规程规范相间互差警示值 2%的要求，但目前数字式直流电阻测试仪都可以达到 0.2%的精度，通过细致的相间比较可以发现此类故障。若短路线匝更多的话，则更容易检出。然而，高压主绕组匝数通常为 550 匝左右，若相邻两匝短路，相间直流电阻变化率仅有 0.18%，目前的直流电阻测试无法反应此类故障。可见，直流电阻测试无法检出 2 匝之内的高压绕组匝间故障。

例如，某 220kV 主变压器故障跳闸后，110kV 侧直流电阻测试结果为：A 相 110.7mΩ，B 相 110.1mΩ，C 相 109.3 mΩ，相间互差为 1.28%，未超出 2%限值要求，但返厂解体发现 110kV 侧 C 相绕组两匝线圈短路。

3. 电压比试验

现场试验中，电压比试验对检测磁路故障非常敏感。但需要注意测试方法，对于 YNyn0d11 联结组别的变压器，若星型接线一相绕组存在匝间短路故障，在进行高压与中压绕组间电压比试验时，如按照相间测量的方式，无法检测出磁路异常，必须以单相测试的方法进行测试。

例如，某 220kV 三绕组变压器，中压 A 相匝间短路后，进行相间电压测试，显示变比误差无异常；以单相的方法测试，则灵敏地反映出磁路异常。

4. 低电压短路阻抗试验

低电压短路阻抗试验是判断判断绕组有无机械位移的可靠方法，现场试验接线简便、测试结果简单直观。现场测试结果往往需要与变压器铭牌参数进行比较，需要注意的是变压器铭牌参数存在误标的可能，极易导致误判。同时，对于全站停电的试验情形，往往以发电机作为试验电源，电压频率往往偏离 50Hz，从而导致阻抗测试值偏离正常值，需要以漏电感为判断标准。另外，阻抗电压对于轴向变形不敏感，由式（3.22）所示，其分母中电抗高度 H_K 为一对绕组的平均值，当仅有一个绕组发生轴向变形时，短路电抗变化量仅为两个绕组均发生同样轴向变形时的 1/2，即，若仅一个绕组发生轴向变形，阻抗电抗变化率检出缺陷的灵敏度减小了 1 倍，当一对绕组中一个拉伸、一个压缩时，其变化规律更复杂，需特别注意。

例如，某供电单位在春检试验期间，多座偏远地区的 110V 变电站变压器低电压阻抗电压超注意值要求，而其余电气试验均未检测到异常。经分析发现，原因为变电站全站停电开展春检试验，现场发电机的输出的电压频率为 48Hz，导致阻抗测试普遍出现 4%的负偏差。

又如，某 220kV 变压器，低电压短路阻抗试验相间互差以及与铭牌参数的偏差均小于 1.0%，判断此变压器绕组机械状态良好，未发生显著变形。现场吊罩检查发现 110kV、10kV 侧 B 相绕组公用上压板部分压钉碗破碎，上压板整体倾斜、变形严重，局部凸起高度达到 6cm 左右，引线附近上压板部分撕裂；110kV、10kV 侧 C 相绕组公用上压板也存在变形倾斜现象，凸起高度达到 4cm 左右；110kV、10kV 侧 A 相绕组公用压板也存在可见倾斜。

5. 绕组频率响应特性试验

绕组频率响应特性试验频谱相间相关系数对三相均有大面积变形的故障检出性差，在分析判断时需与交接或上次试验数据进行纵向比较，才有可能得出正确的结论。

例如，某变电站 2 号主变压器，在低压侧遭受短路冲击跳闸后，绕组频率响应特性试验三相比较相关度很高，但返厂解体发现三相均严重变形。

6. 介质损耗角正切值测量

绕组绝缘的 tanδ 主要是由极化损耗决定，对反映绝缘的含水量有一定作用。实践经验表明，测量 tanδ 是判断 31.5MVA 以下变压器绝缘状态的一种较有效的手段，但其有效性随着变压器电压等级的提高、容量和体积的增大而下降。近几年来，随着变压器容量的增大，测量 tanδ 检出局部缺陷的概率逐渐减小，原因在于：①在受潮体积不大的情况下，该部位水分子极化引起的介质损耗增量相对主绝缘总的介质损耗很微小，不易识别；②由于试验时绕组是短路的，若为纵绝缘受潮，其无能为力。

例如，某 240MVA 变压器，漏进了约 500kg 的水，tanδ 仍然是合格的，但一投运绕组便烧毁了。由此可见，除非主绝缘整体严重受潮，tanδ 测试有效，对于局部受潮 tanδ 不敏感。

对于电容型设备，如电容型套管、电容式电压互感器、耦合电容器等，测量 tanδ 仍然是故障诊断的有效手段。

10.2 综合故障

【案例 10.1】

1. 设备主要参数

型号：SFSZ9－40000/110

额定电压：(110±8×1.25%/38.5/10.5)kV

额定容量：40000/40000/40000kVA

联结组别：YNyn0d11

阻抗电压：高压-中压为 10.44%

高压-低压为 17.05%

中压-低压为 6.55%

2. 设备运维状况

变压器 2002 年 9 月投运，接带煤矿负荷，曾遭受数次短路故障。2016 变压器 35kV 出现近区故障，连续跟踪分析变压器油中溶解气体发现异常，数据见表 10.1。遂停电检查，发现中压绕组 B 相直流电阻增大，不平衡率达到 11%，数据见表 10.2。主绝缘电容量测试结果与上次有较大偏差，数据见表 10.3。低电压短路阻抗测试结果也与铭牌值有较大偏差，数据见表 10.4。

3. 诊断分析

(1) 变压器中压侧绕组直流电阻测量显示 B 相直流电阻在 5 个挡位均偏大，且不平衡率基本一致，多次试验没有明显变化，可以排除无励磁分接开关动静触头接触不良的可能，怀疑绕组断股。

表 10.1 油中溶解气体分析结果 单位：μL/L

取样日期	氢气	一氧化碳	二氧化碳	甲烷	乙烷	乙烯	乙炔	总烃
2016 年 1 月 19 日	130.4	726.0	2219.0	45.7	7.8	36.8	43.3	133.6
2016 年 1 月 21 日	195.4	723.6	2374.9	69.7	8.5	49	64.4	191.7
2016 年 1 月 22 日	258.8	917.6	2253.2	78.9	7.6	49.3	70.6	206.5

表 10.2 中压侧直流电阻（油温 5℃） 单位：mΩ

分接位置	AO	BO	CO	分接位置	AO	BO	CO
1	57.76	65.18	58.57	4	55.87	62.59	56.51
2	55.84	62.19	56.19	5	57.79	64.58	58.41
3	53.36	59.54	53.3				

表 10.3 变压器主绝缘电容量试验数据 单位：nF

测试部位	高压对其他及地	中压对其他及地	低压对其他及地
2014 年 6 月 10 日	16.46	25.69	20.16
2016 年 2 月 2 日	16.18	27.76	22.06

表 10.4 变压器低电压短路电抗试验数据

测试部位	高压-中压			高压-低压			中压-低压		
相别	A	B	C	A	B	C	A	B	C
铭牌值/%	12.65	12.65	12.65	21.81	21.81	21.81	6.55	6.55	6.55
最近测试值/%	12.61	12.70	12.83	22.17	21.94	22.01	5.97	5.95	6.17

（2）变压器油中溶解气体色谱分析结果显示，从 1 月 19 日取样发现乙炔超标至 1 月 21 日连续取样显示乙炔含量明显增大，一氧化碳含量显著增大，确定器身内部放电且涉及固体绝缘。

（3）对比 2014 年 6 月例行试验数据，中压侧绕组电容量增加了 7.4%，符合 35kV 绕组发生辐向变形的电容量变化特征。

（4）低电压短路阻抗试验显示中压与低压绕组对间 B 相短路阻抗变化率达到 −9.1%，A相短路电抗变化率达到 −8.8%，符合 35kV 绕组发生辐向变形的短路阻抗变化特征。

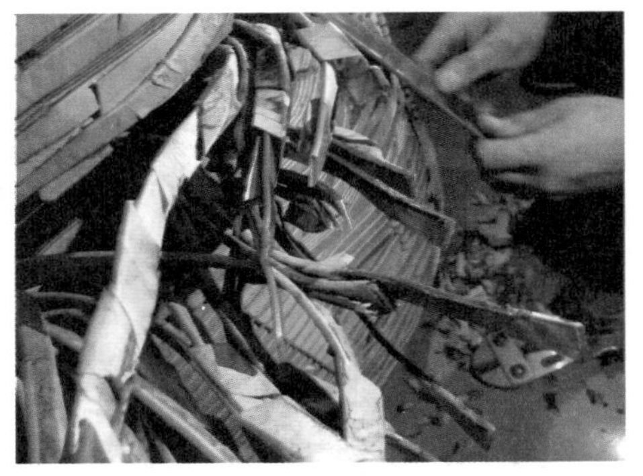

图 10.1 中压绕组多根导线烧损

（5）综合分析，变压器 35kV 侧 B 相、A 相绕组发生显著辐向变形，同时，35kV 侧 B 相绕组导线放电断股。

4. 检修情况

返厂检修发现 35kV 侧 B 相、A 相绕组显著变形，A 相更为严重，C 相也有可见变形。35kV 侧 B 相绕组多根导线因放电烧蚀伤，如图 10.1～图 10.3 所示。

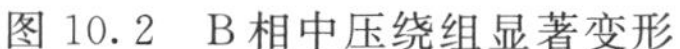

图 10.2　B 相中压绕组显著变形

图 10.3　A 相中压绕组严重变形

5. 状态诊断过程注意点

（1）因变压器差动、轻重瓦斯保护均未启动，变压器维持正常运行状态，分析乙炔为器身内部瞬时放电导致，且绝缘已恢复，具备长期稳定运行的条件。后油中溶解气体色谱分析发现乙炔和一氧化碳含量持续增大，遂停电检查，又因中压 B 相直流电阻偏大，现场排查的重点为 B 相绕组与套管的连接，耽误了宝贵的现场抢修时间。

（2）从 35kV 侧 B 相绕组导线烧损情况分析，短路故障持续时间较长，导线烧损是一个持续的过程。

（3）从解体情况分析，35kV 侧 B 相导线并未断股，而是多股并联导线烧损，导致截面缩小，引起直流电阻偏大。

（4）在特定的情形下，差动保护对中压绕组匝间轻微故障的灵敏度不足。

【案例 10.2】

1. 设备主要参数

型号：SFPZ9－180000/220

额定电压：(220±8×1.25%/121/10)kV

额定容量：180000/180000/54000kVA

联结组别：YNyn0＋d11

阻抗电压：高压-低压为 12.93%

空载电流：0.17%

2. 设备运维状况

变压器 2007 年 3 月投运，110kV 接带重要工业负荷，运行稳定。2010 年 5 月，220kV 侧 A 相套管主绝缘击穿，由于 110kV 侧有电源输入，变压器 220kV 绕组流过约 830A 的故障电流，持续时间 51ms。经全面诊断，变压器绕组无异常，修复套管内部受损纸包软铜线，更换套管后，变压器恢复正常运行。2019 年 5 月，110kV 线路发生两相短路接地故障，70ms 110kV 断路器跳匝，故障切除，132ms 变压器本体差动保护动作，180ms 变压器三侧断路器跳闸。

故障前、后变压器油中溶解气体色谱分析结果见表10.5和表10.6。

表 10.5　故障前油中溶解气体色谱分析结果　单位：μL/L

取样日期	氢气	一氧化碳	二氧化碳	甲烷	乙烷	乙烯	乙炔	总烃
2019年3月4日	9.3	77.2	697	29.3	4.1	7.4	2.2	43

表 10.6　故障后油中溶解气体色谱分析结果　单位：μL/L

取样日期	氢气	一氧化碳	二氧化碳	甲烷	乙烷	乙烯	乙炔	总烃
2016年1月19日	253	220	930	90.6	8.5	65	87.3	251.4

故障后绕组直流电阻试验结果见表10.7～表10.9。

表 10.7　高压侧直流电阻（折算至20℃）　单位：mΩ

分接位置	AO	BO	CO
1	415.8	417.0	416.9
9	370.3	372.4	370.6
17	417.3	417.4	416.3

表 10.8　低压侧直流电阻（折算至20℃）　单位：mΩ

相别	AO	BO	CO
数值	79.891	79.489	79.984

表 10.9　稳定绕组直流电阻（折算至20℃）　单位：mΩ

试验日期	ab	bc	ca
2019年5月	5.050	5.060	5.055
2017年9月	5.164	5.172	5.181

故障后绕组电压比试验误差见表10.10。

表 10.10　故障后变压器高压-中压电压比试验误差

分接位置	AB/A_mB_m	BC/B_mC_m	AC/A_mC_m
1	0.07	0.01	0.07
9	0.21	0.13	0.21
17	0.37	0.28	0.37

故障后变压器低电压短路阻抗试验数据见表10.11。

表 10.11　故障后变压器低电压短路阻抗试验数据

相别	A	B	C
铭牌值/%	12.93	12.93	12.93
最近测试值/%	13.26	13.36	13.32

故障后变压器低电压空载试验数据见表10.12。

表10.12　　故障后变压器低电压空载试验数据

励磁端子	短路端子	施加电压/V	回路电流/A
ab	bc	2.5	1.640
bc	ac	150	0.615
ac	ab	2.5	1.800

3. 诊断分析

(1) 故障后变压器油中溶解气体色谱分析结果呈典型的高能电弧放电特征，结合变压器差动保护动作，可以确定器身内部发生电弧放电。

(2) 对于10kV绕组直流电阻，发现各端子间电阻大小顺序发生了改变。星角11点接线线电阻换算至相电阻为

$$R_A=(R_{AC}-R_P)-\frac{R_{AB}\times R_{BC}}{(R_{AC}-R_P)}$$

$$R_B=(R_{BA}-R_P)-\frac{R_{BC}\times R_{CA}}{(R_{BA}-R_P)}$$

$$R_C=(R_{CB}-R_P)-\frac{R_{CA}\times R_{AB}}{(R_{CB}-R_P)}$$

$$R_P=\frac{R_{AB}+R_{BC}+R_{CA}}{2}$$

经简单计算可得表10.13中的直流电阻。

表10.13　　稳定绕组直流电阻（折算至20℃）　　单位：mΩ

试验日期	A相	B相	C相
2019年5月	7.582	7.568	7.598
2017年9月	7.785	7.734	7.757

由表10.14可见，故障后稳定绕组A相直流 $R_A<R_C$，故障前稳定绕组A相直流电阻 $R_A>R_C$。

(3) 低电压短路阻抗试验显示值与铭牌值相比，三相阻抗电压偏差分别为2.5%、3.3%和3.0%，均超出相关规程标准限值，但相间互差仅为0.75%，鉴于变压器绕组同时发生三相变形的概率非常之小，因此，怀疑铭牌阻抗电压有误，判断220kV绕组与110kV绕组未发生显著变形。

(4) 低电压空载试验结果显示，与A相铁芯柱有关的试验，励磁电流显著增大，在将A相铁芯柱磁路短路的情况下，空载电流显著减小，判断A相铁芯柱磁路异常。

(5) 综合分析，变压器10kV侧A相绕组存在匝间短路的可能性非常大，同时不排除110kVA相绕组发生匝间短路的可能。

4. 检修情况

返厂检修发现10kV侧A相绕组底部匝间短路，端部轴向变形，导线绝缘损坏露铜，

但未发生放电，如图 10.4 和图 10.5 所示。其余绕组未发现显著变形放电现象。

图 10.4　10kV 侧 A 相绕组底部匝间短路

图 10.5　10kV 侧 A 相端部轴向变形

5. 状态诊断过程注意点

(1) 变压器 110kV 线路发生两相短路接地故障时，因本变压器 220kV 中性点、110kV 中性点接地运行，而站内与其并列运行的另一台变压器中性点不接地运行，故零序电流流过本变压器。110kV 侧零序电流在 220kV 绕组与 110kV 绕组间分配，导致 10kV 绕组局部变形损坏。

简单估算如下：由于此变压器 10kV 设计为稳定绕组，铭牌未标识相关阻抗电压，参照相同类型的三绕组电力变压器阻抗电压参数（高压-中压：13.78%，高压-低压：25.40%，中压-低压：8.85%），按式（1.54）经简单计算，可得变压器星型等值电路图中折算至高压侧的阻抗电压为 15.165%，折算至中压侧的阻抗电压为 −1.385%，折算至低压侧的阻抗电压为 10.235%。110kV 侧的故障电流标幺值为 $\frac{6900}{\frac{180000}{1.732\times110}}=7.303$，零序电流标幺值为 2.434。

零序电流在高压绕组与稳定绕组之间按电抗倒数进行分配，则流经稳定绕组的电流标幺值为 $2.434\times\frac{15.165}{15.165+10.235}=1.453$，实际流经稳定绕组的线电流有名值为 $1.453\times\frac{180000}{1.732\times10.5}=9.879$（kA），为其额定线电流的 3.32 倍。

(2) 从保障变压器安全运行的角度考虑，对于变电站内多台变压器并列运行的情形，有必要对中性点接地的变压器进行定期轮换，避免线路故障产生的零序电流持续作用于某一台或几台变压器而导致遭受累计短路冲击变形损坏。

【案例 10.3】

1. 设备主要参数

型号：OSFPZ9－120000/220

额定电压：(220±8×1.25%/121/11)kV

额定容量：120000/120000/60000kVA

联结组别：YNa0d11

阻抗电压：高压-中压为9.00%

高压-低压为30.30%

中压-低压为20.78%

负载损耗：高压-中压为277.923kW

2. 设备运维状况

变压器于1999年9月投运，运行状况良好。2010年5月，变压器高压套管遭受雷击起火，导致高压A相、B相套管引线端子相间短路，主变差动保护动作，跳三侧断路器。变压器断电后，由于高压套管爆裂，泄漏的绝缘油继续燃烧，主变油温升高膨胀，变压器有载分接开关轻瓦斯继电器、重瓦斯继电器、本体重瓦斯继电器、压力释放阀相继动作。故障前、后变压器油中溶解气体色谱分析结果见表10.14表10.15。

表10.14　故障前油中溶解气体色谱分析结果　单位：μL/L

取样日期	氢气	一氧化碳	二氧化碳	甲烷	乙烷	乙烯	乙炔	总烃
2010年5月6日	6.0	77.2	697	7.0	3.3	6.9	0.0	17.2

表10.15　故障后油中溶解气体绝缘分析结果　单位：μL/L

取样日期	氢气	一氧化碳	二氧化碳	甲烷	乙烷	乙烯	乙炔	总烃
2010年5月29日	50	411	2590	102.2	157.1	240.0	0.0	499.2

高压套管导电杆脱落，灭火过程中大量消防水沿烧损的高压中性点套管端部进入器身，由于绝缘油大量泄漏，造成A相绕组上压板浸水，A相高压引线浸水，油箱底部积水，如图10.6和图10.7所示。故障后绝缘油电气试验结果见表10.16所示。

图10.6　A相高压绕组上压板上的水迹

图10.7　油箱底部残油中水迹

表10.16　故障后绝缘油电气试验结果

测试项目	取样部位	
	油箱中部	箱底残油
含水量/($mg \cdot L^{-1}$)	13.5	36.8
击穿电压/[$kV \cdot (2.5mm)^{-1}$]	55.9	11.2

故障后变压器高中绕组绝缘电阻试验结果为12MΩ，油温估计为60℃左右。

3. 诊断分析

参照相关规程规范要求，220kV电力变压器运行中要求绝缘油水份不大于25mg/L，击穿电压不小于35kV，可见箱底残油超出规程限值；而油箱中部的油符合要求。

为了确定直接遭受消防水喷淋的绝缘材料水分侵入程度，用萃取法对A相引线表层绝缘纸进行了含水量测试，结果为4%，超出相关规程规范3%的限值要求。由于遭受消防水喷淋的时间较短，分析A相绕组与A相高压引线表面受潮，决定现场对变压器进行干燥处理。

4. 现场检修情况

（1）干燥方案确定。现场电力变压器常用的干燥方法有真空热油雾化喷淋干燥、油箱涡流发热干燥、绕组零序电流发热干燥与绕组短路干燥等。真空热油雾化喷淋干燥现场实施复杂，油箱涡流发热干燥存在绝缘材料温度不易升高的缺点，而零序阻抗干燥法由于铁芯内部温度不易控制，金属结构件易产生局部过热。绕组短路损耗的热量主要来源于绕组的铜损，不存在铁芯局部过热的风险，同时现场实施相对容易，但需要现场电源电压与通过计算的短路电压接近，因此实际应用也受到限制。

此变压器为自耦变压器，220kV绕组最高工作电压236.5kV，额定电流315A，110kV绕组额定电压121kV，额定电流573A，高压对中压阻抗电压9%，负载损耗277.923kW，空载损耗52.848kW。现场10kV系统额定电压为10.5kV，若将高压绕组于最高分接位置短接，110kV绕组施加10.5kV电压，电力变压器负载损耗与施加电流平方成正比，空载损耗与施加电压平方成正比的关系，估算实际施加的负载损耗为258.273kW，空载损耗为0.035kW，总损耗为258.305kW，为该变压器额定总损耗的78%。而该变压器配备YF－120冷却器四组，每组额定冷却功率120kW，因此，通过控制潜油泵与冷却器风扇运行状态，可以达到将变压器油温控制在80℃的目标。

由于变压器纸-油绝缘的水分存在动态平衡，随着温度升高，绝缘材料中的水分会向油中迁移。由低含水量的纸-油含水量欧明曲线（图10.8）可知，只要纸-油含水量绝缘

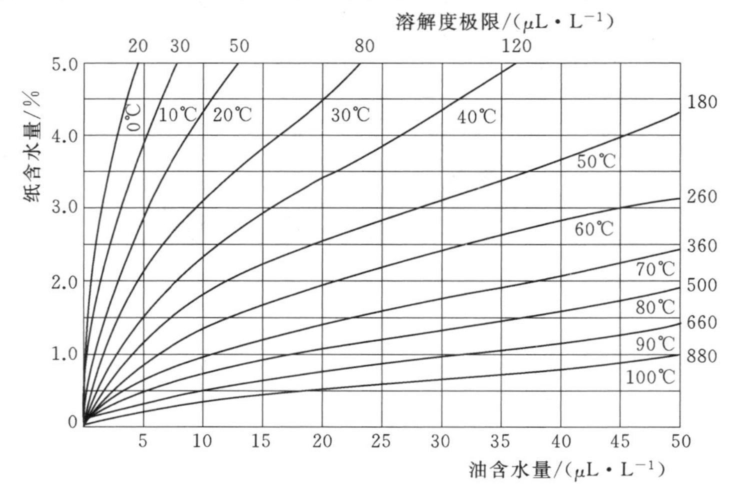

图10.8 低含水量的纸-油含水量平衡欧明曲线

系统在80℃附近达到平衡状态，则理论上，通过真空滤油机将绝缘油水分控制在15mL/L以下（主流滤油机均能达到含水量不大于10μL/L的要求），则可保证绝缘纸含水量小于1.0%。因此，确定选用绕组短路与真空滤油机持续滤油的方法对此变压器进行干燥。

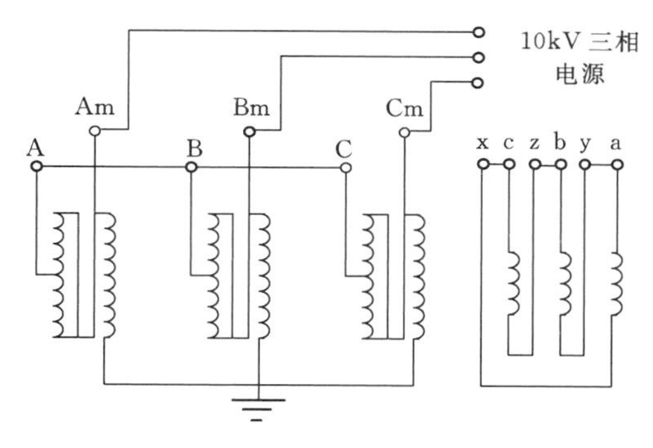

图10.9 现场短路接线示意图

(2) 现场实施。利用该变压器10kV侧951断路器进行供电，将10kV电源通过引线桥和截面为150mm²的临时铜引线连接到变压器110kV侧，220kV侧用截面大于95mm²的铜导线三相短路，高、中压绕组中性点按正常运行方式短路接地，如图10.9所示。

现场设置两个上层油温临时监控点，当上层油温达到75℃时告警并跳开951开关，当油温升至80℃时冷却器风扇自动投入，保证上层油温不超过85℃。同时由于此变压器为强迫油导向循环风冷方式，干燥过程中，变压器两侧（对角）各投入一组潜油泵，避免器身局部过热。

同时，为了及时掌握变压器干燥状况，每15min进行记录1次上层油温，每4h停电1次，进行一次绕组绝缘电阻、变压器油耐压、变压器油微水试验。

(3) 干燥过程分析。短路开始后，当油温达到80℃时开始计时。由图10.10可见，在短路干燥进行16h后，绝缘油中含水量由开始干燥时的9.1mg/L上升到19mg/L，说明经过16h的平衡，变压器纸-油含水量绝缘系统水分分布发生了变化。油箱中绝缘油体积约为53m³，可以算出有0.524kg水由绝缘材料中向绝缘油中扩散。在后续8h中，油中含水量迅速下降，与此对应，绕组绝缘电阻得到回升，在此后32h干燥过程中，油中含水量与绝缘电阻均趋于稳定，如图10.11所示，认为此变压器干燥完毕。

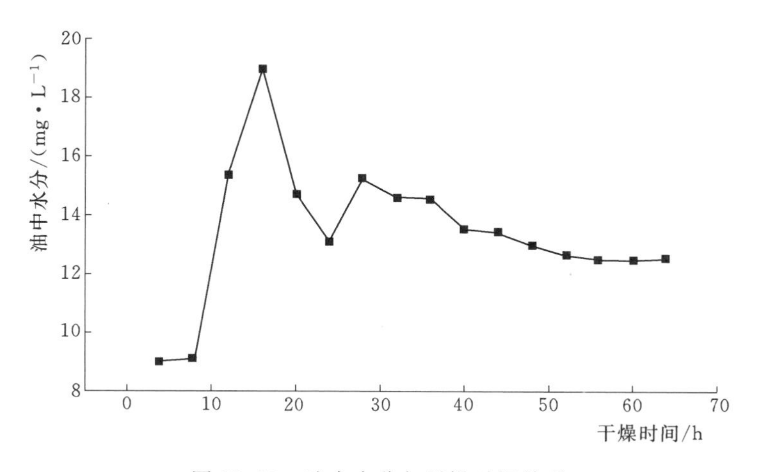

图10.10 油中水分与干燥时间关系

为确认干燥效果，油箱放油后，利用萃取法第二次对A相引线表层绝缘纸含水量进行分析，结果为2.8%，证明此干燥达到预期目的。

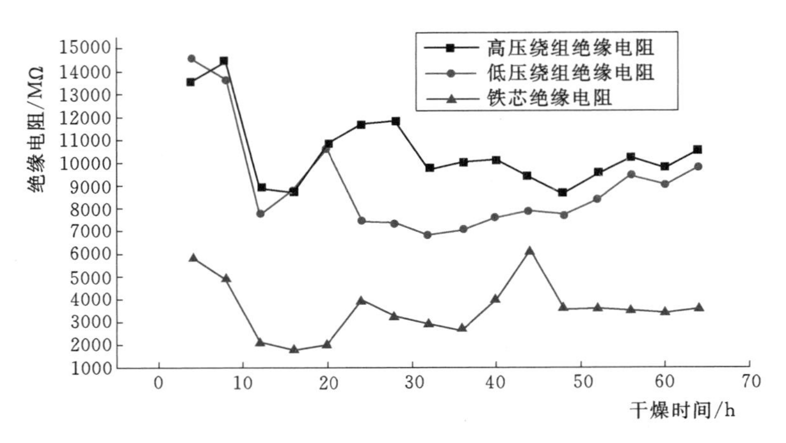

图 10.11 绝缘电阻与干燥时间关系

5. 状态诊断过程注意点

现场绕组短路与真空滤油结合是干燥绝缘轻微受潮的大型电力变压器的简便可行的方法。对于中等容量的 120000～180000kVA 的电力变压器，80℃时其纸-油绝缘的水分平衡时间在 16h 左右，通过现场真空滤油机滤除水分，可以达到干燥变压器绝缘材料的目的。

参 考 文 献

[1] C.B. 瓦修京斯基. 变压器的理论与计算 [M]. 崔立君，杜恩田，等，译. 北京：机械工业出版社，1983.

[2] 崔立君. 特种变压器理论与设计 [M]. 北京：科学技术文献出版社，1996.

[3] Г.Н. 比德洛夫. 变压器（基础理论）[M]. 李文海，译. 沈阳：辽宁科学技术出版社，2015.

[4] S.V. 库卡尼，S.A. 科哈帕得. 变压器工程：设计、技术与诊断 [M]. 2版. 陈玉国，译. 北京：机械工业出版社，2016.

[5] 孟建英，等. 大型电力变压器绕组故障综合试验方法分析 [J]. 内蒙古电力技术，2010 (3)：46-49.

[6] 孟建英，等. 一起220kV变压器故障分析 [J]. 变压器，2012 (2)：66-67.

[7] 郭红兵，等. 220kV电力变压器损坏原因分析及对策 [J]. 内蒙古电力技术，2011 (6)：21-23.

[8] 郭红兵，等. 220kV电力变压器局部受潮问题的现场处理 [J]. 内蒙古电力技术，2013 (3)：29-32.

[9] 杨玥，等. 利用绕组电容量及短路阻抗试验综合判定变压器绕组变形方法分析 [J]. 内蒙古电力技术，2016 (6)：23-27.

[10] 胡耀东，等. 基于电容量-短路阻抗试验及工业内窥镜探视的变压器短路故障分析 [J]. 内蒙古电力技术，2018 (6)：21-25.

[11] 朱英浩，沈大中. 有载分接开关电气机理 [M]. 北京：中国电力出版社，2012.

[12] 国家电力调度通信中心. 国家电网公司继电保护培训教材（上册）[M]. 北京：中国电力出版社，2009.

[13] 中华人民共和国国家发展和改革委员会. 现场绝缘试验实施导则　介质损耗因素 tanδ 试验：DL/T 474.3—2018 [S]. 北京：中国电力出版社，2006.

[14] 中华人民共和国国家质量监督检验检疫总局. 电力变压器　第5部分：承受短路的能力：GB 1094.5—2008 [S]. 北京：中国标准出版社，2008.

[15] 操敦奎. 变压器油中溶解气体分析诊断与故障检查 [M]. 北京：中国电力出版社，2005.

[16] 刘传彝. 电力变压器设计计算方法与实践 [J]. 沈阳：辽宁科学技术出版社，2002.

[17] 何仰赞，温增银. 电力系统分析（上册）[M]. 3版. 武汉：华中科技大学出版社，2001.

[18] 仇明，等. 大型油浸变压器绝缘相关技术问题的探讨 [J]. 变压器，2016 (5)：60-63.

[19] 刘军，等. 电力变压器承受短路能力的比较研究 (F) [J]. 变压器，2015 (4)：41-44.